데이터 사이언스를 위한

확률론

PROBABILITY FOR DATA SCIENCE

이성백
엄태웅
최지은
지음

자유아카데미

PREFACE

머리말

확률은 불확실한 현상을 설명하는 이론적 토대이기 때문에 확률론은 모든 학문 분야에 녹아든 우리 삶의 공기와 같다고 생각합니다. 눈으로 볼 수는 없지만 모든 순간을 존재하게 해주는 필수적인 것, 그 고마움을 느낄수록 살아가는 매 순간을 더욱 감사함으로 대처할 수 있게 해주는 소중한 것, 이것이 바로 삶의 공기이듯 확률론 역시 데이터를 통해 의사결정을 하는 모든 연구 분야에서 반드시 배워야 할 교과목이라고 생각됩니다.

확률론을 집필하는 과정에서 어려웠던 것은 측도론의 기본적인 개념인 시그마필드의 개념을 포함하느냐의 여부였습니다. 대부분의 학부 교재가 이 개념을 배제하고 바로 사건의 확률부터 시작하기 때문에 이 부분을 포함해야 한다는 심리적 부담감이 항상 있었습니다. 이에 책을 집필하는 과정에서 시그마필드의 개념을 사용하여 1장에서 사건이라는 개념에 대해 명확히 정의하여 소개하였습니다. 일반적으로 학부 수준의 확률론 책에서는 언급되지 않은 개념이지만, 개인적으로 대학에서 학부 2학년을 대상으로 강의하였을 때 충분히 이해할 수 있는 개념이라고 생각됩니다.

다음으로, 2장에서 5장까지는 전통적인 확률론과 마찬가지로 조건부확률, 이산확률변수, 연속확률변수 순으로 다루었습니다. 특히 3장을 확률변수를 정의하는 별도의 장으로 분리하여 1장에서 정의한 측도론의 개념과 연관하여 설명하였습니다. 6장에서는 한 개체로부터 두 개 이상의 특성에 관심이 있을 때 이들의 확률구조를 표현하는 도구인 이변량확률변수에 대해 소개하였으며, 마지막 7장에서는 표본의 크기가 커질 때 통계량의 성질을 설명하는 극한성질 또는 점근적 성질을 다루어 통계적 추론으로 바로 이어질 수 있도록 구성하였습니다.

위의 내용을 학습하면서 데이터 사이언스에 필수적인 프로그램 언어인 R과 Python에 익숙해질 수 있도록 본문의 적절한 곳에 관련 프로그램을 이용한 예제들을 추가하였습니다.

이 책은 학부에서 한 학기에 걸쳐 다룰 수 있는 내용이라고 생각됩니다. 만약 대학원에 진학하고자 하는 학생들이라면 1장과 3장 그리고 마지막 7장의 내용을 숙지한다면 대학원에서 확률론을 학습하는 데 최소한의 도움이 될 것입니다.

좋은 책을 만들기 위해 최선을 다하였지만 부족한 부분이 있을 수 있습니다. 이 책에서 발견된 실수는 저자들의 부족함이니 양해를 바라며, 출간 후에라도 수정사항이 있을 경우에는 자유아카데미 홈페이지(www.freeaca.com) 자료실에 제공할 예정이니 참고하시기를 바랍니다.

마지막으로 이 책 집필에 함께 참여한 공저자 교수님들께 감사한 마음을 전하며, 책이 출간되기까지 도움을 준 자유아카데미 여러분께도 감사드립니다.

2024년 2월

저자 대표 이성백

CONTENTS

차례

1장

기초 개념

확률이란 용어는 모든 것이 불확실한 현실 전반에 스며들어 있는 개념이다. 학계뿐만 아니라 일반인들의 삶 속에도 확률이라는 용어는 일상적인 용어가 되어 있다. 이 장에서는 확률이라는 개념과 관련된 다양한 기초 개념들을 소개한다.

1.1 확률실험

우리가 접하게 되는 실험 결과, 조사 결과, 관측 결과 등으로부터 얻은 자료들은 하나의 고정된 값이 아닌 다양한 값들로 구성되어 있다. 이처럼 다양한 원천으로부터 얻은 결과들을 정확하게 예측할 수 없을 때 해당 특성을 기술하는 용어로 임의(random)라는 용어를 사용한다. 또한 해당 실험이나 공정을 확률실험(random experiment)이라고 한다. 확률실험의 경우 그 결과가 무엇인지 단정적으로 정확하게 말할 수 없다고 할지라도 실험의 실행에 앞서 미리 기술할 수 있다. 이때 확률실험의 가능한 모든 결과들을 모아 놓은 집합을 표본공간(sample space)이라 하며 일반적으로 S 또는 Ω로 표기한다(본 책에서는 S로 표기한다). 또한 표본공간의 부분집합으로 관심 있는 결과들만을 모아 놓은 집합을 사건(event)이라고 한다.

예제 1.1.1

① 두 개의 동전을 던지는 실험

표본공간 $S = \{(H,H), (H,T), (T,H), (T,T)\}$

첫째 동전이 앞면이 나타날 사건: $E = \{(H,H), (H,T)\}$

② 트랜지스터의 수명(단위: 시간)을 측정하는 실험

표본공간: $S = \{x : 0 \le x < \infty\}$

트랜지스터의 수명이 5시간 이하인 사건: $E = \{x : 0 \le x \le 5\}$

③ 신생아의 성별을 결정하는 실험

표본공간: $S = \{G, B\}$

아이가 여자일 사건: $E = \{G\}$

1.2 집합이론

사건이란?

확률을 다룰 때 왜 집합과 관련된 내용이 나올까? 실제 확률과 관련하여 우리는 어떤 사건(event)의 확률이라는 구절을 사용한다. 여기서 사건이란 확률실험에 의해 생성되는 표본공간의 부분집합으로서 확률이 정의되는 집합을 의미한다. 이로부터 우리는 확률이 표본공간의 모든 부분집합에 대해 다 정의되는 것은 아니라는 사실을 알아차릴 수 있다. 확률실험의 모든 가능한 결과들의 집합인 표본공간(S)의 부분집합 중 확률이 정의되는 집합들만을 모아 놓은 집합을 표본공간에 의해 생성된 시그마필드(the sigma field generated by S)라고 하며 일반적으로 $\sigma(S)$로 표기한다. 즉, 시그마필드 $\sigma(S)$는 다음과 같이 정의할 수 있다.

정의 시그마필드

만일 표본공간 S의 부분집합들의 모임인 집합족(collection of sets) $\sigma(S)$가 다음의 성질을 만족하면 $\sigma(S)$를 S 위에서의 시그마필드(σ-field on S)라고 한다.

① $S \in \sigma(S)$

② $A \in \sigma(S)$이면 $A^c \in \sigma(S)$이다.

③ $i = 1, 2, \ldots$에 대해 $A_i \in \sigma(S)$이면 $\cup_{i=1}^{\infty} A_i \in \sigma(S)$이다.

정리 $i = 1, 2, \ldots$에 대해 $A_i \in \sigma(S)$이면 $\cap_{i=1}^{\infty} A_i \in \sigma(S)$이다.

증명 $\bigcap^{\infty} A_i = (\bigcup A_i^c)^c \in \sigma(S)$ ($\because$ 정의 ②와 ③ 그리고 다시 ②를 순차적으로 적용함)

즉, 사건은 표본공간(S)의 부분집합으로서 확률이 정의되는 시그마필드 $\sigma(S)$의 원소이다. 따라서 사건의 확률이라고 할 때 사건이라는 단어 자체에 확률이란 용어가 함께 나올 수밖에 없다는 사실을 인지하길 바란다.

예제 1.2.1

① $S=$ head, tail

$\mathcal{F}$ ={{head}, {tail}, {head, tail}, $\varnothing$ }는 Ω의 모든 부분집합을 포함하는 σ−field임.

② $S=\{1,2,3\}$

$\mathcal{F}=\{\{2,3\},\{1\},\{1,2,3\},\varnothing\}$는 σ−field임.

$\mathcal{F}=\{\{1,2,3\},\{1\},\{2\},\{3\},\varnothing\}$는 σ−field가 아님. ($\because$ $\{1\}^c=\{2,3\}\not\in \mathcal{F}$)

③ $S=R$

$\mathcal{F}\equiv\left[1,\, 2-\frac{1}{n}\right)$ $(\equiv I_n)$형태의 모든 반개구간을 포함하는 시그마필드일 때 $[1,2)$가 $\mathcal{F}$의 원소임을 보여라.

증명 $\forall n,\ I_n\subseteq I_{n+1}$. 즉 $(I_n)_{n=1}^{\infty}$은 증가사건열이므로 $\lim_{n\to\infty} I_n=\cup_{n=1}^{\infty} I_n=[1,\,2)$이다. 시그마필드 정의 ③에 의해 $[1,\,2)\in\mathcal{F}$이 성립한다.

④ 시그마필드 $\mathcal{F}$가 모든 개구간 (a,b) $(a<b)$을 다 포함하고 있다고 하자. 이때 한 원소집합(singleton event) $\{a\}$가 사건임을 보여라.

증명 $I_n\equiv(a-1/n,\, a+1/n)\Rightarrow I_n\supseteq I_{n+1}$이므로 $\lim_{n\to\infty} I_n=\cap_{n=1}^{\infty} I_n=\{a\}$ $\therefore$ $\{a\}\in\mathcal{F}$

HW. $\Omega=\{1,2,3,4,5,6\}$이고 $\mathcal{F}=\{\varnothing,\{1,2\},\{3,4,5,6\},\Omega\}$일 때 $\mathcal{F}$가 Ω상에서 시그마필드임을 보여라.

보렐시그마필드

개구간 (a,b)형태의 구간들에 의해 생성된 시그마필드를 실수집합상의 보렐시그마필드(Borel σ−field $\mathcal{B}$ over $\mathbb{R}$)라고 하며, $\mathcal{B}$의 원소를 보렐집합(Borel set)이라고 한다.

보렐시그마필드 $\mathcal{B}$의 성질

① $(-\infty, b) \in \mathcal{B}$

$\because$ 양의 정수n에 대해 $(-n, b) \in \mathcal{B} \Rightarrow (-n, b) \subset (-(n+1), b)$

$\Rightarrow (-\infty, b) = \lim_{n\to\infty}(-n,b) = \cup_{n=1}^{\infty}(-n,b) \in \mathcal{B}$ ▫

② $(a, \infty) \in \mathcal{B}$

$\because$ 양의 정수 n에 대해 $(a, n) \in \mathcal{B}$, $(a,n) \subset (a, n+1)$

$(a, \infty) = \lim_{n\to\infty}(a, n) = \cup_{n=1}^{\infty}(a, n) \in \mathcal{B}$ ▫

③ $\{a\} \in \mathcal{B}$

$\because$ 양의 정수 n에 대해 $(a-1/n, a+1/n) \in \mathcal{B}$,

$\{a\} = \lim(a-1/n, a+1/n) = \cap_{n=1}^{\infty}(a-1/n, a+1/n) \in \mathcal{B}$ ($\because$

④ $(-\infty, a] \in \mathcal{B}$ $\quad \because (-\infty, a] = (a, \infty)^c$

⑤ $(a, b] \in \mathcal{B}$ $\quad \because (a, b] = (a, b) \cup \{b\}$

⑥ $[a, b) \in \mathcal{B}$ $\quad \because (a, b] = (a, b) \cup \{b\}$

⑦ $[a, b] \in \mathcal{B}$ $\quad \because [a, b] = \{a\} \cup (a, b) \cup \{b\}$

⑧ $\mathcal{B}$는 위에 열거된 구간들의 여집합과 유한개 또는 가산무한개의 합집합들을 포함한다.

⑨ 보렐시그마필드는 실수의 모든 부분집합들 중 위에서 열거한 구간들의 가산개(countable)의 결합(combinations)으로 근사할 수 있는 집합들만 포함한다. 실수의 부분집합 중에는 보렐시그마필드 $\mathcal{B}$에 포함되지 않는 비가측(unmeasurable) 집합이 존재한다.

집합의 종류

집합은 집합을 구성하고 있는 원소의 개수를 기준으로 다음과 같이 분류한다.

▸ **가산집합(countable set)**: 만일 집합을 이루는 원소를 나열할 수 있을 때 해당 집합을 가산집합이라고 한다. 이때 나열한다는 의미는 각 원소에 자연수 1부터 대응시킬 수 있다는 의미이다. 이러한 성질을 반영하여 가산집합을 자연수의

부분집합과 일대일대응인 집합이라고 정의하기도 한다. 가산집합에는 유한집합과 무한집합이 있다.

① **유한집합**(finite set): 원소의 개수가 유한개인 집합으로 끝을 헤아릴 수 있는 집합이다. 공식적으로는 공집합이거나 어떤 자연수 n에 대해 $\{1,2,...,n\}$과 일대일대응인 집합이라고 정의한다.

② **무한집합**(infinite set): 유한집합이 아닌 집합으로 원소의 개수를 헤아릴 때 끝이 없는 집합을 의미한다. 원소의 시작이나 종결 중 어느 한쪽을 알 수 없기도 하지만 양쪽 모두를 알 수 없는 경우도 있다. 비음의 정수 집합 $\{0,1,...\}$의 경우 원소의 종결지점을 알 수 없는 무한집합이지만 정수의 경우 원소의 시작과 끝 모두를 알 수 없는 무한집합이다. 가산의 개념을 사용하여 가산무한(countable infinite or denumerable)집합이라고도 한다.

▸ **비가산집합**(uncountable set): 비가산집합은 원소의 개수가 너무 많아서 셀 수 없는 집합을 의미한다. 공식적으로 자연수의 집합과 일대일대응을 시킬 수 없을 정도로 원소의 개수가 많은 집합을 비가산집합이라고 한다. 따라서 어떤 집합이 비가산집합이 되기 위해서는 원소의 개수는 적어도 자연수의 원소 개수보다는 더 많아야 한다. 가장 대표적인 비가산집합은 구간 $[0,1]$이다.

● 집합을 이용한 사건의 표기

▸ $E \cup F$ (E union F; E와 F의 합사건): E 또는 F 둘 중 어느 하나에 속하거나 둘 모두에 속하는 결과들로 구성된 사건.

▸ $E \cap F$ (or EF)(E intersection F; E와 F의 교사건): E와 F에 동시에 속하는 모든 결과로 구성된 사건.

▸ $\varnothing$ (empty event; 영사건): 어떠한 결과도 포함하지 않은 사건.

▸ E^c (complement; 여사건): E에 속하지 않는 표본공간 S의 모든 결과로 구성된 사건.

▸ $EF = \varnothing$ (mutually exclusive; 상호배반 사건): E와 F에 공통으로 속한 원소가 없으므로 동시에 일어날 수 없는 사건.

합사건과 교사건의 일반화

$E_1, E_2, \cdots$ 이 사건들일 때 이 사건들의 합사건과 교사건은 다음과 같이 정의한다.

▸ $E_1 \cup E_2 \cdots \cup E_n \cdots \equiv \cup_{n=1}^{\infty} E_n$

적어도 하나의 사건에 속하는 모든 결과들로 구성된 사건.

▸ $E_1 \cap E_2 \cdots \cap E_n \cap \cdots \equiv \cap_{n=1}^{\infty} E_n$

모든 사건들 $E_n,\ n = 1, 2, \cdots$에 공통으로 속하는 결과들로 구성된 사건.

사건들의 합사건, 교사건, 여사건의 연산

교환법칙: $E \cup F = F \cup E$

결합법칙: $(E \cup F) \cup G = E \cup (F \cup G)$

분배법칙: $(E \cup F) \cap G = (E \cap G) \cup (F \cap G)$

드모르강법칙: $\left(\cup_{i=1}^{n} E_i\right)^c = \cap_{i=1}^{n} E_i^c$

$\left(\cap_{i=1}^{n} E_i\right)^c = \cup_{i=1}^{n} E_i^c$

1.3 등확률사건

동전을 던졌을 때 앞면이 나올 확률을 물어보면 대부분 1/2이라고 대답한다. 그 이유로 동전에 두 개의 면이 있기 때문이라고 그 근거를 제시한다. 동전에 두 개의 면이 있는 것은 사실이지만, 그보다 더 중요한 가정은 각 면이 나올 확률이 동일하기 때문일 것이다. 이처럼 확률실험의 모든 결과들이 발생할 확률이 같다고 (equally likely outcomes) 가정하면, 해당 확률실험은 간단해지고 확률은 비율과 같아진다. 만일 표본공간을 이루는 실험 결과들의 개수가 유한하다면 사건의 확률은 결국 확률실험의 가능한 결과들의 총 개수, 즉 표본공간의 원소의 개수에 대한 해당 사건에 포함된 결과들의 비율이 되기 때문에 확률계산이 간단해진다.

표본공간 S의 원소의 개수가 $n(>1)$이라고 하고 A를 어떤 사건이라고 하면 등확률사건의 경우 사건 A의 확률은 다음과 같이 정의된다.

$$P(A)=\frac{\#(A)}{\#(S)}=\frac{\#(A)}{n}$$

여기서 $\#(A)$는 사건 A에 포함된 실험 결과들의 개수, 즉 원소의 개수를 의미한다.

예제 1.3.1

6면 주사위를 던지는 실험의 경우 표본공간은 $S=\{1,2,3,4,5,6\}$으로써 6개의 결과가 가능하다. 만일 주사위가 공정하여 각 숫자가 나올 확률이 동일한 등확률사건일 경우 실험 결과 짝수가 나올 확률을 구하여라.

풀이 짝수인 결과들로 이루어진 사건을 $A=\{2,4,6\}$으로 표기하면 해당 사건의 확률은 다음과 같이 구해진다.

$$P(\text{짝수가 던져짐})=P(A)=\frac{\#(A)}{\#(S)}=\frac{\#\{2,4,6\}}{\#\{1,2,3,4,5,6\}}=\frac{3}{6}=\frac{1}{2}$$

예제 1.3.2 난수발생기(random number generator)

100개의 쌍으로 된 숫자 00, 01, 02, …, 98, 99에서 한 쌍을 되돌려 주는 난수생성기를 생각해 보자. 모든 쌍이 등확률을 갖는 사건이라고 가정할 때 다음 사건의 확률을 구하여라.

1) 서로 다른 숫자로 구성된 쌍이 나올 확률

풀이 임의의 쌍을 ab라고 하면 해당 사건 A의 원소는 $a\neq b$인 쌍 ab로 구성되어 있다. 숫자 a는 0에서 9까지 10개의 숫자 중 하나의 숫자를 선택할 수 있고 숫자 b는 선택된 a와 다른 9개의 숫자 중에서 하나를 선택할 수 있다. 따라서 사건 A의 원소의 개수는 $10\times 9=90$이므로 해당 확률은 다음과 같이 구할 수 있다.

$$P(\text{서로 다른 두 숫자로이루어진 쌍}) = P(A) = \frac{\#(A)}{\#(S)} = \frac{90}{100} = 0.9$$

2) 두 숫자가 같은 쌍이 나올 확률

풀이 두 숫자가 같은 쌍을 aa로 표현하면 a는 0에서 9까지 10개의 숫자 중 하나를 선택할 수 있으므로 해당 확률은 $10/100 = 0.1$이 된다. 또한 100쌍의 숫자는 두 숫자가 같든지 아니면 서로 다르든지 두 경우 중 하나에만 해당하므로 해당 확률은 위 문제의 여사건의 확률로 계산할 수 있다.

$$P(\text{두 수가 서로 같은 쌍}) = 1 - P(\text{서로 다른 두 숫자로이루어진 쌍})$$
$$= 1 - 0.9 = 0.1$$

1.4 확률의 공리 및 성질

확률을 해석하는 데는 다양한 방법이 있지만, 공리적(axiomatic)으로는 다음과 같이 사건들에 숫자를 할당하는 함수로 확률을 정의한다.

● **표본공간 S 의 각 사건 E 에 대해 $P(E)$가 정의되고 다음의 공리를 만족할 때 $P(E)$를 사건 E의 확률(probability)이라고 한다.**

① 임의의 사건 E에 대해 $0 \le P(E) \le 1$.

즉, 표본공간에 의해 생성되는 시그마필드 $\sigma(S)$ 의 모든 원소의 확률은 0과 1 사이의 어떤 값을 갖는다.

② $P(S) = 1$

표본공간의 확률은 1로, 실험의 모든 결과는 반드시 표본공간에 속한다는 것을 의미한다.

③ 무한개의 사건들 $E_1, E_2, \cdots$이 쌍별 상호배반(pairwise disjoint)이면(즉, $E_iE_j = \varnothing,\ i \neq j$) 다음이 성립한다.

$$P(\cup_{i=1}^{\infty} E_i) = \Sigma_{i=1}^{\infty} P(E_i)$$

즉, $E_1, E_2, \cdots$이 $\sigma(S)$의 원소이므로 시그마필드의 성질에 의해 이 사건들의 합집합인 $\cup_{i=1}^{\infty} E_i$도 $\sigma(S)$의 원소가 되어 사건이 되므로 확률을 정의할 수 있고, 이 확률은 E_i들이 상호배반일 경우 E_i들의 확률의 합과 같다. 이 성질 ③을 확률의 가산가법성(countable additivity)이라고 한다.

● 확률공간(probability space)

확률실험을 하였을 때 가능한 모든 결과들의 모임인 표본공간 S와 표본공간의 부분 집합들로 만들어진 시그마필드, $\sigma(S)$에서 정의되는 확률함수 P로 구성된 $(S, \sigma(S), P)$을 확률공간(probability space)이라고 부른다.

● 확률의 다음 두 성질은 공리를 이용하여 증명할 수 있다.

① $P(\varnothing) = 0$

② 임의의 상호배반인 유한 사건들 $E_1, E_2, \cdots, E_n$에 대해 $P(\cup_{i=1}^{n} E_i) = \Sigma_{i=1}^{n} P(E_i)$이다.

증명 ① $E_1 = S,\ \ E_i = \varnothing\,(i > 1)$

$$\begin{aligned} P(S) &= P(\cup_{i=1}^{\infty} E_i) = \Sigma_{i=1}^{\infty} P(E_i) \ (\because \text{공리 ③}) \\ &= P(E_1) + P(\cup_{i=2}^{\infty} E_i) \\ &= P(S) + \Sigma_{i=2}^{\infty} P(\varnothing) \ (\because \text{공리 ③}) \end{aligned}$$

$\Rightarrow \Sigma_{i=2}^{\infty} P(\varnothing) = 0$

$\Rightarrow P(\varnothing) = 0$ ($\because$ 공리 ①).

증명 ② $E_i = \varnothing$, $(i > n)$로 두면,

$P(\cup_{i=1}^{n} E_i) = P(\cup_{i=1}^{\infty} E_i) = \Sigma_{i=1}^{\infty} P(E_i)$ ($\because$ 공리 ③)

$= \Sigma_{i=1}^{n} P(E_i) + \Sigma_{i=n+1}^{\infty} P(E_i)$

$= \Sigma_{i=1}^{n} P(E_i) + \Sigma_{i=n+1}^{\infty} P(\varnothing)$

$= \Sigma_{i=1}^{n} P(E_i)$ ($\because$ $P(\varnothing) = 0$).

● 이 외에도 확률의 공리를 이용하면 다음 성질들을 증명할 수 있다.

③ $P(E^c) = 1 - P(E)$

④ $E \subset F \Rightarrow P(E) \le P(F)$.

⑤ $P(E \cup F) = P(E) + P(F) - P(EF)$

⑥ 포함–제외 등식(inclusion–exclusion identity)

$$P(E_1 \cup E_2 \cup \cdots \cup E_n)$$
$$= \Sigma_{i=1}^{n} P(E_i) - \Sigma_{i_1 < i_2} P(E_{i_1} E_{i_2}) + \cdots + (-1)^{r+1} \Sigma_{i_1 < i_2 < \cdots < i_r} P(E_{i_1} E_{i_2} \cdots E_{i_r})$$
$$+ \cdots + (-1)^{n+1} P(E_1 E_2 \cdots E_n)$$

단, $\Sigma_{i_1 < i_2 < \cdots < i_r} P(E_{i_1} E_{i_2} \cdots E_{i_r})$은 집합 $\{1, 2, \cdots, n\}$에서 크기가 r인 $\binom{n}{r}$개의 모든 부분집합에 대해 취한다. 포함–제외 등식은 다음과 같이 간단하게 표기할 수 있다.

$$P(\cup_{i=1}^{n}) = \Sigma_{r=1}^{n} (-1)^{r+1} \ \Sigma_{i_1 < \cdots < i_r} P(E_{i_1} \cdots E_{i_r})$$

포함–제외 등식을 이용하면 합집합의 확률에 대해 다음과 같이 상계(upper bound)나 하계(lower bound)를 구할 수 있다.

$$P(\cup_{i=1}^{n} E_i) \le \Sigma_{i=1}^{n} P(E_i)$$

$$P(\cup_{i=1}^{n} E_i) \ge \Sigma_{i=1}^{n} P(E_i) - \sum_{j<i} P(E_i E_j)$$

$$P(\cup_{i=1}^{n} E_i) \le \Sigma_{i=1}^{n} P(E_i) - \Sigma_{j<i} P(E_i E_j) - \Sigma_{k<j<i} P(E_i E_j E_k)$$

1.5 연속인 집합함수로서의 확률

복습: 함수의 연속

함수 $f: R \to R$가 다음을 만족할 때 함수 f는 점 a에서 연속(continuous)이라고 한다. 또한 함수 f가 a에 연속이면 a로 수렴하는 임의의 실수 열 $\{a_n\}$에 대한 함숫값 열 $\{f(a_n)\}$이 $f(a)$로 수렴한다. 즉, 다음이 성립한다.

$$\lim_{n\to\infty} a_n = a \Rightarrow \lim_{n\to\infty} f(a_n) = f(a) = f(\lim_{n\to\infty} a_n).$$

확률을 연속인 집합함수로 정의하기 위해서 우선 단조사건열(monotonic sequence of events)에 대해 정의한다.

정의 단조 사건열

- 일련의 사건열 $\{E_n, n \ge 1\}$이 다음을 만족하면 증가사건열(increasing sequence of events)이라고 하고 새로운 사건 $\lim_{n\to\infty} E_n$을 다음과 같이 정의한다.

$$\{E_n,\ n \ge 1\}:\ E_n \subset E_{n+1} \text{이면, } \lim_{n\to\infty} E_n \equiv \cup_{i=1}^{\infty} E_i.$$

- 마찬가지로 일련의 사건열 $\{E_n, n \ge 1\}$이 다음을 만족하면 감소사건열(decreasing sequence of events)이라고 하고 $\lim_{n\to\infty} E_n$을 다음과 같이 정의한다.

$$\{E_n,\ n \ge 1\}:\ E_n \supset E_{n+1} \text{이면, } \lim_{n\to\infty} E_n \equiv \cap_{i=1}^{\infty} E_i.$$

정리 (확률의 연속성) $\{E_n,\ n \ge 1\}$이 단조사건열이면 다음이 성립한다.

$$\lim_{n\to\infty} P(E_n) = P(\lim_{n\to\infty} E_n) \quad (\text{비교 } \lim_{n\to\infty} f(a_n) = f(\lim_{n\to\infty} a_n))$$

증명 ① $\{E_n, n \ge 1\}$이 증가사건열인 경우:

사건 $\{F_n, n \ge 1\}$을 다음과 같이 정의한다.

$$F_1 = E_1,\quad F_n = E_n(\cup_1^{n-1} E_i)^c = E_n E_{n-1}^c, (n > 1),\ (\because \cup_1^{n-1} F_i = E_{n-1})$$

사건 $\{F_n, n \geq 1\}$은 상호배반이며 $\cup_{i=1}^{n} F_i = \cup_{i=1}^{n} E_i$이고 $\cup_{i=1}^{\infty} F_i = \cup_{i=1}^{\infty} E_i$이다. 따라서 다음 식이 성립한다.

$$P(\cup_1^\infty E_i) = P(\cup_1^\infty F_i) = \Sigma_1^\infty P(F_i) = \lim_{n\to\infty} \Sigma_1^n P(F_i)$$

$$= \lim_{n\to\infty} P(\cup_1^n F_i) = \lim_{n\to\infty} P(\cup_1^n E_i) = \lim_{n\to\infty} P(E_n)$$

$\{E_n, n \geq 1\}$이 증가사건열이므로 $\cup_{i=1}^{\infty} E_i = \lim_{n\to\infty} E_n$이 되어 $\lim_{n\to\infty} P(E_n) = P(\lim_{n\to\infty} E_n)$이다.

증명 ② $\{E_n, n \geq 1\}$이 감소사건열인 경우:

$\{E_n^c, n \geq 1\}$은 증가사건열이므로 위의 결과로부터 $P(\cup_1^\infty E_n^c) = \lim_{n\to\infty} P(E_n^c)$이다. 드모르강 법칙에 의해 $\cup_1^\infty E_n^c = (\cap_1^\infty E_n)^c$이므로 다음이 성립한다.

$P\left(\cup_1^\infty E_n^c\right) = P\left(\left(\cap_1^\infty E_n\right)^c\right) = 1 - P(\cap_1^\infty E_n) = 1 - P(\lim_{n\to\infty} E_n)$

또한 $\lim_{n\to\infty} P(E_n^c) = \lim_{n\to\infty} [1 - P(E_n)] = 1 - \lim_{i\to\infty} P(E_n)$이므로 다음이 성립한다.

$$P(\cup_1^\infty E_n^c) = \lim_{n\to\infty} P(E_n^c) \Rightarrow P(\cap_1^\infty E_n) = \lim_{i\to\infty} P(E_n)$$

따라서 감소 사건열의 경우 $\cap_{n=1}^{\infty} E_n \equiv \lim_{n\to\infty} E_n$이므로 $P(\lim_{n\to\infty} E_n) = \lim_{n\to\infty} P(E_n)$이다.

1.6 확률의 해석

대부분 확률에 대해 생각하면 제일 먼저 떠오르는 것이 아마도 동전을 던지는 실험일 것이다. 공정한 동전을 던진다면 앞면이나 뒷면이 나올 기회가 각각 50 대 50으로 같다고 말할 것이다. 즉, 앞면이나 뒷면이 나올 확률 모두 각각 1/2의 확률을 갖는다고 말한다. 이때 확률이 1/2이라는 말의 의미는 무엇일까? 이에 대해 다양한 해석이 있지만 우리는 세 종류의 확률에 대한 해석만 살펴보겠다.

● 전통적인 해석(Classical interpretation)

전통적인 해석은 등확률(equally likely)사건의 개념에 기반을 둔 것으로 어떤 사건의 확률을 해당 사건에 속한 결과의 수를 실험의 총 가능한 결과의 수로 나눈 값으로 나타낸다. 만일 표본공간에 속한 n개의 원소들이 일어날 가능성이 모두 같고(equally likely), 그 가운데 반드시 한 개는 일어난다면 사건 A가 일어날 확률 $P(A)$는 사건 A에 속한 모든 원소들의 개수를 표본공간 안의 모든 원소의 개수 n으로 나눈 값으로 다음과 같다.

$$P(A) = \frac{\text{사건 } A\text{에 속하는 모든 원소의 개수}}{\text{표본공간 안의 모든 원소의 개수}}$$

동전 던지기의 경우 표본공간은 앞면과 뒷면 각각 1개씩 총 2개의 원소가 있고 두 결과가 결코 동시에 발생할 수 없고 오직 한 경우만 발생하기 때문에 두 사건 각각에 1/2의 확률을 부여한다.

● 빈도주의적 해석(Frequency interpretation)

빈도주의적 해석에 의하면 표본공간의 가능한 모든 원소를 열거하기가 곤란하고 일어날 결과들의 가능성이 모두 같다고 볼 수 없을 때 사건 A의 확률 $P(A)$를 실험이 무수히 반복되었을 때 해당 사건이 발생할 것이라 기대되는 횟수의 비율, 즉 다음과 같이 상대도수의 극한개념으로 정의한다.

$$P(A) = \lim_{n \to \infty} \frac{\#(A)}{n}$$

여기서 n은 총 실험 횟수를, $\#(A)$는 사건 A가 일어난 횟수를 나타낸다. 따라서 동전의 앞면이 나올 확률이 1/2이라는 것은 하나의 동전을 무수히 반복해서 던졌을 때 앞면이 나온 횟수의 비율, 즉, 상대빈도의 극한값을 의미한다. 다음 그림은 동전의 앞면이 나올 확률이 1/2이라는 것을 모의실험(simulation)을 통해 보여준 것이다.

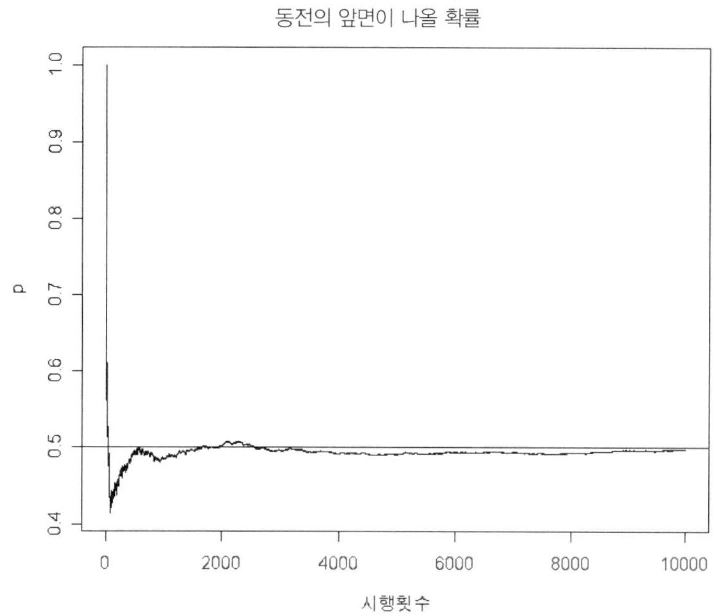

그림 1.1 동전 던지기 모의실험

- 그래프는 동전을 10,000번 던지는 모의실험 결과로 수평축에는 던진 횟수를 그리고, 수직축에는 앞면이 나타난 횟수를 던진 횟수로 나눈 결과의 확률을 표시한다.
- 시행횟수가 작을 때는 앞면이 나올 확률이 불안정하게 0과 1 사이를 오가지만, 시행횟수가 커지면서 앞면과 뒷면의 발생 횟수가 고르게 발생하여 0.5에 수렴함을 알 수 있다.

주관적 해석(Subjective interpretation)

주관적 확률은 개개인이 가지고 있는 해당 사건에 대한 지식이나 경험에 근거한 추측이나 또는 간접적인 증거에 의한 믿음의 정도로 의사결정자가 주관적으로 정의한다.

만일, 기상캐스터가 내일 비가 올 확률이 1/2이라고 예측한다면 이는 앞으로도 절대 반복되지 않을 특별한 기상 조건에 근거한 것이다. 대신에 기상캐스터는 비가 절대 오지 않을 것이라는 절대적 확신을 0, 그리고 절대적으로 비가 오리라는 확신을 1로 표현함으로써 0과 1 사이의 값을 사용하여 가능한 모든 정보에 근거하여 비가 내리는 것에 대한 자신의 확신을 표현하고 있는 것이다.

위의 해석 모두 확률이론을 통계적 추론이나 실제 문제 해결에 적용할 때 매우 유용하게 사용될 수 있다. 그러나 확률의 이론은 확률의 해석 방법에 따라 달라지지 않는다.

1.7 확률론의 역사

확률에 대한 수학적 이론은 17세기 중반으로 거슬러 올라간다. 초기 확률론자들은 기술보다는 운에 달린 운의 게임(games of chance)에 관심을 가졌다. 다음은 이와 관련된 학자들의 업적을 간단히 약술하였다.

- 확률론의 역사에서 물리학자이자 수학자인 까르다노(Gerolamo Cardano, 1501 ~1575)는 확률의 계산을 체계적으로 연구한 최초의 학자였다. 그의 책 『운의 게임』(Liber de Ludo Aleae ; Book on Games of Chance)은 1560년대에 쓰였다고 하는데 그의 사후인 1663년에 출판되었다.
- 일반적으로 확률의 수학적 이론은 프랑스 수학자 파스칼(Blaise Pascal, 1623~ 1662)과 페르마(Pierre de Fermat, 1601~1665)에 의해 시작되었다고 한다. 확률의 미적분은 일반적으로 파스칼이 자기 친구 드메르(Chevalier de Mere)가 주사위 게임에 관해 제기한 질문에 대해 페르마에게 편지를 쓴 1654년 7월로 거슬러 올라간다.
- 베르누이(Jacob Bernoulli, 1654~1705)는 운의 게임을 발전시켜 1713년 『The Art of Conjecturing』을 저술하였는데 이는 확률미적분을 처음으로 체계적이면서 해석적으로 논의한 저술이다.
- 드므와브르(Abraham De Moivre, 1667~1754)는 1718년 수학을 확장하여 조합이론, 무한급수전개, 근사적 분포 및 초기 극한 이론을 그의 책 『the Doctrine of Chances』에 통합하였다.

1.8 조합적 분석

확률론 문제들을 해결하기 위해서는 어떤 사건이 발생할 수 있는 다양한 방법들이나 특정 사건에 포함된 원소의 개수를 계산할 필요가 있다. 조합적 분석(Combinatorial Analysis) 또는 조합이론(combinatorics)이란 경우의 수를 계산하는 방법과 관련된 수학적 이론을 지칭한다. 이번 절에서는 이와 관련된 기본적 사항들에 대해서 살펴본다.

● 곱의 법칙

어떤 실험이 두 개의 부실험(subexperiments)으로 구성되어 있으며, 첫 번째 실험의 결과 m개의 가능한 결과가 있고 두 번째 실험은 첫 번째 실험의 가능한 각 결과에 대해 n개의 결과들이 가능하다고 가정하자. 이때 두 실험을 같이했을 때 가능한 결과들은 $m \times n$개가 된다. 이러한 계산의 기본원리를 일반화하면 다음과 같다.

첫째 실험에 n_1개의 결과가 가능하고, 두 번째 실험은 첫째 실험의 가능한 n_1개의 각각의 결과에 대해 n_2개의 결과가 가능하며, 세 번째 실험은 첫 두 실험의 가능한 각 결과에 대해 n_3개의 가능한 결과가 존재한다. 이와 같은 방법으로 처음 $r-1$번의 실험의 각 결과에 대해 r번째 실험의 가능한 결과가 n_r이라면, r번째 실험을 마쳤을 때 가능한 결과들의 수는 $n_1 \times n_2 \times \cdots \times n_r$이다.

예제 1.8.1

우리나라의 자동차 차량번호판은 첫 두 개는 숫자, 세 번째는 한글, 그리고 나머지 4개는 숫자로 구성되어 있다. 만일 숫자는 자리 위치와 상관없이 0부터 9까지의 숫자가 가능하고 한글은 'ㄱ'부터 'ㅎ'까지의 초성과 아, 어, 오, 우 4개의 모음으로 구성된 중성으로 구성된다고 할 때 가능한 자동차번호판은 몇 개인가?

풀이 숫자는 10개가 가능하고 문자는 초성의 자음 14자와 각 자음에 단모음 4개 모두 56개가 가능하므로 서로 다른 번호판의 개수는 다음과 같다.

$$10 \times 10 \times (14 \times 4) \times 10 \times 10 \times 10 \times 10 = 56 \times 10^6$$

(숫자)(숫자)(한글)(숫자)(숫자)(숫자)(숫자)

● 순열

순열(permutation)이란 주어진 개체들을 순서를 고려하여 나열했을 때 나열된 각각의 배열을 말한다. 세 개의 한글로 구성된 집합 $A=\{$가,나,다$\}$를 순서대로 나열하면 다음과 같이 총 6가지가 가능하다.

{(가나다), (가다나), (나가다), (나다가), (다가나), (다나가)}

이때 여섯 종류의 배열 각각을 순열이라고 하며 총 순열의 개수는 6개이다. 일반적으로 n개의 서로 다른 개체로 구성된 집합에서 r개의 서로 다른 개체를 택하여 순서대로 나열한 각 배열을 n개에서 r개를 택한 순열이라고 하며 가능한 순열의 총개수는 다음과 같다.

$$n \cdot (n-1) \cdots (n-r+1) \equiv {}_nP_r$$

따라서 n개의 서로 다른 개체 모두를 순서를 고려하여 나열한 총 순열의 개수는 다음과 같고 $n!$을 n팩토리얼(factorial)이라고 읽는다.

$${}_nP_n = n \cdot (n-1) \cdots 2 \cdot 1 = n!$$

또한, $n!$의 값은 계산기가 사용되기 전까지는 다음과 같은 Strirling의 공식을 사용하여 근사하였다.

$$n! \approx n^n e^{-n} \sqrt{2\pi n}$$

예제 1.8.2

서로 다른 3개 과목의 교과서를 책꽂이에 배열하려고 한다. 가능한 배열 방법은 몇 가지인가?

풀이 $$3! = 3 \cdot 2 \cdot 1 = 6.$$

예제 1.8.3

어떤 학생이 국어, 영어, 수학 3과목의 참고서 9권을 책꽂이에 정리하려고 한다. 만약 국어 4권, 영어 3권, 수학이 2권 있고 같은 과목의 참고서는 나란히 함께 책꽂이에 배열하기를 원한다면, 가능한 배열 방법은 몇 가지인가?

풀이 $3!4!3!2! = 1728$ (∵ (교과목 순서!)(국어!)(영어!)(수학!))

순열의 수를 계산하는 과정에 만일 서로 구별되지 않는 개체들이 있다면 서로 다르게 나열된 순열의 수는 어떻게 계산할까? 예를 들어, '간장공장공장장'이라는 7개의 문자를 사용하여 만들 수 있는 서로 다른 단어배열의 수를 구해보자. 우선 7개의 문자를 '간 장$_1$공$_1$장$_2$공$_2$장$_3$장$_4$'과 같이 서로 다르게 취급하여 나열하는 배열은 7!의 경우가 가능하다. 이때 4개의 '장'이라는 내에서의 순열의 수 4!과 2개의 문자 '공'끼리의 순열 2!는 실제로는 구분이 되지 않는 같은 문자들이므로 해당 문제에서의 서로 다른 순열의 수는 다음과 같다.

$$\frac{7!}{(4!)(2!)}$$

이를 일반화하여 서로 다른 r가지 종류의 객체가 각각 n_1개, n_2개, $\cdots$, n_r개로 구성된 총 n개의 개체로 만들 수 있는 서로 다른 순열의 수는 다음과 같다.

$$\frac{n!}{n_1!n_2!\cdots n_r!} \quad \text{단, } n_1 + n_2 + \cdots + n_r = n.$$

예제 1.8.4

문자 PEPPER을 사용하여 만들 수 있는 서로 다른 문자의 배열은 총 몇 종류인가?

풀이 $P_1E_1P_2P_3E_2R$의 경우 순열의 수는 $6!$, P끼리의 순열의 수는 $3!$, E끼리의 순열의 수는 $2!$이다. 따라서 서로 다른 순열의 수는 $6!/(3!2!)=120$이다.

조합

총 n개의 서로 다른 개체에서 k개의 개체를 선택하여 구성된 그룹을 조합(combination)이라 한다. 예를 들어 {가, 나, 다} 3개의 문자에서 2개의 문자를 선택하는 방법을 고려하자. 첫 번째 문자로 선택될 수 있는 문자는 3개가 있고, 두 번째 문자로 선택될 수 있는 문자는 첫 번째 문자를 제외한 2개의 문자가 있다. 따라서 선택된 순서를 고려한다면 3개의 문자에서 2개의 문자를 선택하는 방법은 $3 \cdot 2$가지가 있다. 여기서 선택된 두 문자의 순서가 중요하지 않기 때문에 조합의 수는 $(3 \cdot 2)/2=3$이다. 따라서 총 n개의 서로 다른 개체에서 k개의 개체를 선택하여 구성할 수 있는 조합의 총수는 다음과 같다.

$$\frac{_nP_k}{k!}=\frac{n \cdot (n-1)\cdots(n-k+1)}{k!}=\frac{n!}{k!(n-k)!}\equiv\binom{n}{k}\equiv {_nC_k}$$

여기서 분자 $n \cdot (n-1)\cdots(n-k+1)$는 순서를 고려하여 k개의 개체로 구성된 그룹의 수이며, 분모 $k!$은 각 그룹에서 k개의 개체를 순서대로 나열한 배열의 수이다. 또한 $_nC_k$를 'n choose k'라고 읽는다.

예제 1.8.5

만약 어떤 대학에서 졸업요건으로 5개 프로그래밍 언어 중 3개를 이수해야 졸업할 수 있다면, 학생이 프로그래밍 언어를 선택할 수 있는 방법은 총 몇 가지인가?

풀이

$$\binom{5}{3} = \frac{5 \cdot 4 \cdot 3}{3!} = 10$$

예제 1.8.6

다음 등식이 성립함을 증명하고 그 이유를 조합적으로 기술하여라.

$$\binom{n}{k} = \binom{n}{n-k}$$

풀이 $$\binom{n}{k} = \frac{n!}{k!(n-k)!} = \frac{n!}{(n-k)!k!} = \frac{n!}{(n-k)!(n-(n-k))!} = \binom{n}{n-k}.$$

n개의 개체에서 k개를 선택하여 하나의 그룹을 만드는 방법은 먼저 그룹에 포함되지 않을 $n-k$개를 선택하고, 그 나머지 k개로 그룹을 만드는 방법과 동일하기 때문에 등식이 성립한다.

예제 1.8.7

다음 등식이 성립함을 조합적인 방법과 해석적인 방법으로 각각 증명하여라.

$$\binom{n}{k} = \binom{n-1}{k-1} + \binom{n-1}{k}, \quad 1 \le k \le n$$

풀이

① 조합적 증명

n개의 개체에서 k개를 선택하여 그룹을 만드는 것은 특정 개체가 그룹에 포함된 경우와 그렇지 않은 두 경우로 생각해 볼 수 있다. 만약 특정 개체가 그룹에 포함되었다면 해당 개체를 제외한 $n-1$개에서 $k-1$개를 선택하여 그룹을 만들면 된다. 한편, 해당 개체가 그룹에 포함되지 않았다면 나머지 $n-1$개에서 k개를 선택하여 그룹을 만든다. 따라서 n개의 개체에서 k개를 선택하여 구성된 조합의 총수는 이 두 경우의 조합의 수를 더한 것과 같으므로 주어진 등식이 성립한다.

② 해석적 증명

$$\binom{n-1}{k-1}+\binom{n-1}{k}=\frac{(n-1)!}{(k-1)!(n-k)!}+\frac{(n-1)!}{k!(n-k-1)!}$$

$$=\frac{(n-1)!}{(k-1)!(n-k-1)!}\left(\frac{1}{n-k}+\frac{1}{k}\right)$$

$$=\frac{(n-1)!}{(k-1)!(n-k-1)!}\times\frac{n}{k(n-k)}$$

$$=\frac{n!}{k!(n-k)!}$$

● 이항정리 (binomial theorem)

$$(x+y)^n=\Sigma_{k=0}^{n}\binom{n}{k}x^k y^{n-k},\ n=0,1,2,\cdots$$

증명 ① 수학적 귀납법을 이용한 증명

$n=1$이면 다음 식에 의해 등식이 성립한다.

$$\binom{1}{0}x^0y^1+\binom{1}{1}x^1y^0=y+x=x+y$$

만일 $n-1$일 때 등식이 성립된다고 가정하면 다음 식이 성립한다.

$$(x+y)^n=(x+y)(x+y)^{n-1}$$

$$=(x+y)\Sigma_{k=0}^{n-1}\binom{n-1}{k}x^k y^{n-1-k}$$

$$=\Sigma_{k=0}^{n-1}\binom{n-1}{k}x^{k+1}y^{n-1-k}\ +\ \Sigma_{k=0}^{n-1}\binom{n-1}{k}x^k y^{n-k}$$

마지막 등식의 첫 번째 항에서 $k+1=i$, 두 번째 항에서 $k=i$로 두면 다음 식이 성립한다.

$$(x+y)^n=\Sigma_{i=1}^{n}\binom{n-1}{i-1}x^i y^{n-i}+\Sigma_{i=0}^{n-1}\binom{n-1}{i}x^i y^{n-i}$$

$$= x^n + \Sigma_{i=1}^{n-1}\left[\binom{n-1}{i-1}+\binom{n-1}{i}\right] x^i y^{n-i} + y^n$$

$$= x^n + \Sigma_{i=1}^{n-1}\binom{n}{i} x^i y^{n-i} \ (\because \text{ 예제 } 1.8.7)$$

$$= \Sigma_{i=0}^{n}\binom{n}{i} x^i y^{n-i}$$

따라서 수학적 귀납법에 의해 주어진 정리가 성립된다.

증명 ② 이항정리의 조합적 증명

$$(x+y)^n = \sum_{k=0}^{n}\binom{n}{k} x^k y^{n-k}$$

곱 $(x_1+y_1)(x_2+y_2)\cdots(x_n+y_n)$을 전개하면 총 2^n개 항의 합이 되며, 각각의 항은 $i=1,2,\cdots,n$에 대해 x_i나 y_i 중 하나의 인자를 포함한다. 이때 전개된 2^n개의 항 중에서 k개의 x_i와 $(n-k)$개의 y_i로 구성된 항은 n개의 값 $x_1, x_2, \ldots, x_n$으로부터 k개를 택하는 경우에 해당되므로 이러한 항이 ${}_nC_k$개 존재한다. 여기서 모든 i에 대해 $x_i = x$, $y_i = y$를 대입하면 다음 식이 성립한다.

$$(x+y)^n = \Sigma_{k=0}^{n}\binom{n}{k} x^k y^{n-k}$$

또한, 조합의 수인 ${}_nC_k$가 이항정리의 전개 과정에서 계수로 나타나기 때문에 이를 이항계수(binomial coefficient)라고 부른다.

예제 1.8.8

왜 0!=1이 되는가?

풀이 $n! = n\times(n-1)\times\cdots\times 1 = n\times(n-1)!$이다. 여기서 $n=1$을 대입하면 $1! = 1\times(1-1)!$이 성립한다. 또한 $1!=1$이므로 $1\times 0! = 1$이어야 한다. 따라서 $0!=1$이 된다.

위 예제에 의해 $0! = 1$이므로 이항계수의 처음 항과 마지막 항에 대해서는 다음 식이 성립한다.

$$\binom{n}{0} = \binom{n}{n} = \frac{n!}{0!n!} = 1.$$

예제 1.8.9

n개의 원소로 이루어진 집합의 부분집합의 개수가 2^n임을 보여라.

풀이 원소의 개수가 n인 집합에서 크기가 r인 부분집합의 개수는 ${}_nC_r$이므로 총 부분집합의 개수는 다음과 같다.

$$\binom{n}{0} + \binom{n}{1} + \cdots + \binom{n}{n} = \Sigma_{r=0}^{n} \binom{n}{r} = \Sigma_{r=0}^{n} \binom{n}{r} 1^r 1^{n-r} = (1+1)^n = 2^n$$

이항정리를 이용하면 다음 식들이 성립되며 증명은 연습문제로 남긴다.

정리

$$\Sigma_{k=1}^{n} k \binom{n}{k} = n 2^{n-1}$$

$$\Sigma_{k=1}^{n} k^2 \binom{n}{k} = n(n+1) 2^{n-2}$$

이항정리에서 거듭제곱 항을 임의의 실수 α로 일반화하면 다음과 같은 이항정리를 얻게 된다.

정리 임의의 실수 α에 대해 $|x| < 1$일 때 다음이 성립한다.

$$(1+x)^{\alpha} = \Sigma_{k=0}^{\infty} \binom{\alpha}{k} x^k.$$

위 정리를 이용하면 임의의 양의 실수 $\alpha > 0$에 대해 $|x| < 1$일 때 다음이 성립한다 (연습문제 참고).

$$(1+x)^{-\alpha}=\Sigma_{k=0}^{\infty}\binom{\alpha+k-1}{k}x^k.$$

여기서 해당 이항계수는 부의이항분포의 확률질량함수에 사용된다.

▸ 다항 계수(Multinomial Coefficients)

이항계수 ${}_nC_r$는 n개의 개체 중에서 r개의 개체를 선택하는 방법의 수로 정의하였다. 관점을 달리하면 ${}_nC_r$은 n개의 개체를 r개의 개체와 $n-r$개체로 구성된 두 그룹으로 분할하는 방법의 수로도 볼 수 있다. 이러한 관점에 근거하여 n개의 개체를 각 그룹의 개체 수가 n_1,n_2,n_3인 세 그룹으로 나누기 위해서는 먼저 n개에서 n_1개를 선택한다. 이 방법은 ${}_nC_{n_1}$개의 방법이 있다. 그리고 남은 $n-n_1$개에서 n_2개를 선택한다. 이 방법은 ${}_{n-n_1}C_{n_2}$개가 가능하다. 남은 $n-n_1-n_2=n_3$은 자동으로 세 번째 그룹에 속하게 될 것이다. 따라서 해당 방법의 수는 다음과 같다.

$$\begin{aligned}{}_nC_{n_1}\cdot{}_{n-n_1}C_{n_2}&=\frac{n!}{n_1!(n-n_1)!}\times\frac{(n-n_1)!}{n_2!(n-n_1-n_2)!}\\&=\frac{n!}{n_1!n_2!(n-n_1-n_2)!}\\&=\frac{n!}{n_1!n_2!n_3!}\end{aligned}$$

이러한 관점을 확장하면 다음과 같은 다항계수를 유도할 수 있다.

정리 n개의 개체를 집단의 크기가 각각 $n_1,n_2,\cdots,n_k$인 k개의 집단으로 나누는 방법의 수는 다음과 같다.

$$\binom{n}{n_1,n_2,\cdots,n_k}=\frac{n!}{n_1!n_2!\cdots n_k!},\quad \text{단, } n_1+n_2+\cdots+n_k=n$$

증명 $\binom{n}{n_1}$: 첫 번째 그룹으로 선택 가능한 방법의 수

$\binom{n-n_1}{n_2}$: 첫 번째 그룹으로 n_1개를 선택한 후 나머지 $n-n_1$개로 두 번째

그룹을 선택할 수 있는 방법의 수

$\binom{n-n_1-n_2}{n_3}$: 첫 번째 그룹과 두 번째 그룹에서 각각 n_1, n_2개를 선택한 후

나머지 개체로 세 번째 그룹을 선택할 수 있는 방법의 수

$$\vdots$$

$$\binom{n}{n_1}\binom{n-n_1}{n_2}\binom{n-n_1-n_2}{n_3}\cdots\binom{n-n_1-n_2-\cdots-n_{k-1}}{n_k}$$

$$=\frac{n!}{(n-n_1)!n_1!}\frac{(n-n_1)!}{(n-n_1-n_2)!n_2!}\cdots\frac{(n-n_1-n_2-\cdots-n_{k-1})!}{0!n_k!}$$

$$=\frac{n!}{n_1!n_2!\cdots n_k!}$$

예제 1.8.10

문이 10개 있는 집이 있다. 이 10개의 문들을 파란색으로 2개, 회색으로 3개, 흰색으로 5개 페인트칠하려고 한다. 가능한 방법은 몇 종류인가?

풀이

$$\frac{10!}{2!3!5!}$$

● 다항정리(multinomial theorem)와 다항계수(multinomial coefficient)

$$(x_1+x_2+\cdots+n_k)^n=\Sigma_{(n_1,\,\cdots,\,n_k):\,n_1+\cdots+n_k=n}\binom{n}{n_1,n_2,\cdots,n_k}x_1^{n_1}x_2^{n_2}\cdots x_k^{n_k}$$

여기서 합은 $n_1+n_2+\cdots+n_k=n$을 만족하는 모든 가능한 비음수 정수 벡터 $(n_1,n_2,\cdots,n_k)$에 대한 합을 의미한다.

예제 1.8.11

$(x_1+x_2+x_3)^2$을 전개하여라.

풀이 $(x_1+x_2+x_3)^2=\binom{2}{2,0,0}x_1^2x_2^0x_3^0+\binom{2}{0,2,0}x_1^0x_2^2x_3^0+\binom{2}{0,0,2}x_1^0x_2^0x_3^2$

$$+\binom{2}{1,1,0}x_1^1x_2^1x_3^0+\binom{2}{1,0,1}x_1^1x_2^0x_3^1+\binom{2}{0,1,1}x_1^0x_2^1x_3^1$$

$$=x_1^2+x_2^2+x_3^2+2x_1x_2+2x_1x_3+2x_2x_3.$$

예제 1.8.12

어떤 투자자가 4종류의 투자 종목에 2천만 원을 투자하려고 한다. 문제를 간단히 하기 위해 각 종목은 백만 원 단위로 투자할 수 있다고 하자. 만일 가지고 있는 돈을 모두 다 투자하려고 한다면, 투자전략으로 가능한 방법은 몇 가지가 있는가? 그리고 모든 돈을 다 투자할 필요가 없다면 투자전략은 몇 가지가 가능한가?

풀이

① x_i: 투자대상 i에 투자되는 금액 (단위 백만 원)

$$x_1+x_2+x_3+x_4=20,\ \ x_i\geq 0,$$

$$\binom{20+4-1}{4-1}=\binom{23}{3}=1771.$$

② x_5: 투자되지 않고 남은 금액

$$x_1+x_2+x_3+x_4+x_5=20,\ \ x_i\geq 0$$

$$\binom{20+5-1}{5-1}=\binom{24}{4}=10626.$$

1.9 파이썬 확률 예제 : 생일문제

이번 절에서는 확률의 고전적인 문제인 생일문제(birthday problem)에 대해 살펴본다. 이 생일문제는 Richard von Mises와 다른 수학자들에 의해 제기되었지만, 그 기원은 아직 잘 정립되어 있지 않다. 생일문제의 요지는 어떤 방에 n명의 사람이 있을 때, 이들 중 생일이 같은 사람이 적어도 둘 이상이 있을 확률을 구하는 것이다.

해당 문제를 단순하게 하기 위해 일 년은 365일이 있고 각 사람이 365일 중 특정한 날에 태어날 확률은 등확률사건이며 다른 사람의 생일과 무관하다고 가정한다. 당연히 이 가정은 윤년과 쌍둥이가 태어난 경우를 고려하지 않고 있으므로 현실적이라고 할 수 없다.

어떤 방에 366명이 있으면 생일이 같은 사람이 반드시 1쌍 이상 존재한다. 따라서 방에 있는 사람의 수 n은 365명 이하로 가정한다. n명의 사람 중 생일이 같은 사람이 한 쌍이라도 있을 확률을 $p(n)$, n명의 사람들 모두 생일이 다를 확률을 $q(n)$이라고 하면 $p(n)=1-q(n)$이므로 먼저 $q(n)$을 구해본다. 첫 번째 사람의 생일은 365일 중 어느 날이라도 가능하며, 두 번째 사람의 생일은 첫 번째 사람과 다르고, 세 번째 사람은 첫 번째와 두 번째 사람 모두와 달라야 하므로 모든 사람의 생일이 다를 확률 $q(n)$은 다음과 같다.

$$q(n) = \frac{365}{365} \times \frac{364}{365} \times \frac{363}{365} \times \cdots \times \frac{365-(n-1)}{365}$$

$$= \frac{365 \times 364 \times \cdots \times (365-n+1)}{365^n}$$

$$= \frac{365 \times 364 \times \cdots \times (365-n+1) \times (365-n)!}{365^n (365-n)!}$$

$$= \frac{365!}{365^n (365-n)!}$$

따라서 구하고자 하는 생일이 같은 사람이 적어도 둘 이상 있을 확률 $p(n)$은 다음과 같다.

$$p(n) = 1 - \frac{365!}{365^n (365-n)!}, \quad (n \le 365)$$

다음은 이 문제에 대한 파이썬 코딩과 그 결과물이다.

```
import numpy as np
from datascience import *

N = 365
def p_no_match(n):
    individuals_array = np.arange(n)
    return np.prod( (N-individuals_array)/N )

results = Table().with_columns('Trials', np.arange(1, N+1, 1))

different = results.apply(p_no_match, 'Trials')

results = results.with_columns(
    'P(all different)', different,
    'P(at least one match)', 1-different
)

results
```

Trials	P(all different)	P(at least one match)
1	1	0
2	0.99726	0.00273973
3	0.991796	0.00820417
4	0.983644	0.0163559
5	0.972864	0.0271356
6	0.959538	0.0404625
7	0.943764	0.0562357
8	0.925665	0.0743353
9	0.905376	0.0946238
10	0.883052	0.116948

... (355 rows omitted)

그림 1.2 생일문제 파이썬 코딩 및 출력물

위 프로그램에서 Trials는 사람의 수를 나타낸다. 확률에서 확률실험은 종종 일련의 연속된 시행으로 간주한다. 생일문제에서 각 사람을 한 번의 시행으로 간주하면, 생일문제는 결국 모든 시행을 마쳤을 때 적어도 한 번 이상 결과가 같은 시행이 있는지를 알아보는 문제가 된다. 이 생일문제에서 $n=1$이면 해당 확률이 항상 1이기 때문에 생일문제는 그 의미가 없다. 또한 방에 있는 사람의 수가 적을 경우 생일이 모두 다를 확률이 크기 때문에 적어도 두 사람의 생일이 같을 확률은 그만

큼 값이 작아진다. 이와 반대로 방에 있는 사람의 수가 많으면 생일이 같은 사람이 있을 확률은 급격히 증가한다. 다음 [그림 1.3]은 방에 있는 사람의 수 n의 변화에 따른 $p(n)$의 그래프로, 방에 있는 사람의 수가 50명이 넘어가면 생일이 같은 사람이 적어도 두 명 이상일 확률인 $p(n)$이 1에 근접하는 것을 알 수 있다.

이제 다음과 같은 문제를 생각해 보자.

```
%matplotlib inline
import matplotlib.pyplot as plt
results.scatter('Trials', 'P(at least one match)')
plt.xlim(0, N/3)
plt.ylim(0, 1)
plt.show()
```

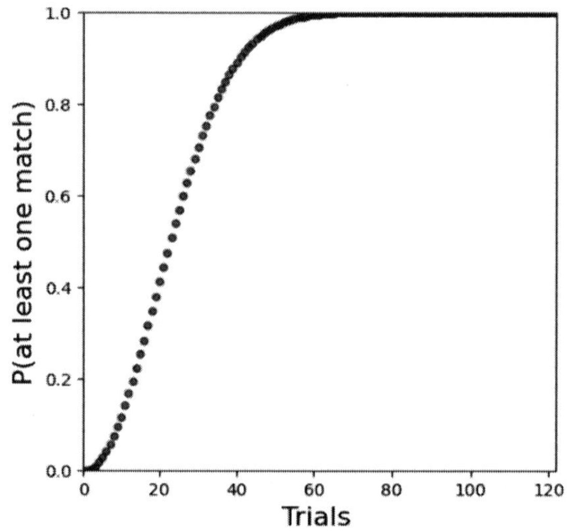

그림 1.3 사람의 수 n에 따른 $p(n)$

예제 1.9.1

방에 최소 몇 사람이 있어야 생일이 같은 사람이 있을 확률이 그렇지 않을 확률보다 더 크게 되는가?

풀이 이 문제는 방에 있는 사람 중 생일이 같은 사람이 적어도 두 사람 이상 있을 확률이 0.5를 초과하기 위해 방에 있어야 할 최소의 사람 수를 구하는 문제이다. 본 문제를 파이썬으로 코딩하면 다음과 같이 해결할 수 있다.

```
results.where('P(at least one match)', are.between(0.5, 0.51))
```

Trials	P(all different)	P(at least one match)
23	0.492703	0.507297

즉, 23명의 사람이 방에 있다면 이들 중 생일이 같은 사람이 적어도 두 명 이상 있을 확률이 그렇지 않을 확률보다 더 크게 된다.

연습문제

1 정수의 집합 $Z=\{\ldots, -2, -1, 0, 1, 2, \ldots\}$가 가산무한집합임을 보여라.

! 힌트 정수를 다음과 같이 홀수 순서에 양의 정수를 짝수 순서에 나머지 원소들을 나열한다.

2 양의 유리수가 가산집합임을 보여라.

! 힌트 분모와 분자의 합이 아래와 같이 $1, 2, 3, \cdots$이 되도록 원소를 나열하면 모든 양의 유리수는 이런 나열 중 어디엔가 속하게 됨.

3 다음 확률실험(random experiment)에 해당하는 표본공간(sample space)은 무엇인가?

① 하나의 동전을 뒷면이 연속해서 두 번 나올 때까지 동전을 던진 총횟수를 기록한다.

② 어떤 은행에서는 고객이 은행에 도착한 후 대기표를 뽑은 후 기다리는 시간 T를 기록한다. 해당 은행은 어떤 상황에서도 기다리는 시간이 20분을 넘지 않도록 엄격한 규정을 준수하고 있다.

③ 어떤 주머니에는 빨간 공, 파란 공, 하얀 공 그리고 초록색의 4개가 들어있다. 여기서 서로 다른 공 두 개를 뽑은 후 뽑힌 순서대로 공의 색깔을 기록한다.

4 **세 개의 사건 A, B, C가 있을 때 다음 사건을 집합과 벤다이어그램으로 각각 표현하여라.**

① 세 사건 중에서 오직 사건 A만 일어난다.

② 세 사건 중 적어도 하나의 사건이 일어난다.

③ 사건 A 또는 C가 발생하며 사건 B는 결코 일어나지 않는다.

5 **세 사건 A, B, C가 표본공간 S의 부분집합으로 다음을 만족할 때 물음에 답하여라.**

$$A \cup B \cup C = S, P(A) = 1/2, P(B) = 2/3, P(A \cup B) = 5/6.$$

① $P(A \cap B)$.

② 세 사건 A, B, C가 표본공간의 분할을 구성하는가?

③ $P(C - (A \cup B))$.

④ $P(C \cap (A \cup B)) = 5/12$일 때 $P(C)$를 계산하라.

6 **공집합이 아닌 임의의 집합 A에 대한 가장 간단한(trivial) σ-algebra를 구하여라.**

연습문제

7 하나의 동전을 세 번 던지는 실험에서 각 결과들이 등확률사건이라고 가정할 때, 한 번 던진 결과가 다른 두 번 던진 결과와 다를 확률을 구하여라.

8 S가 임의의 집합이고 A가 S의 진부분집합이면서 공집합이 아닐 때 즉, $A \neq \varnothing, S$일 때 $\{\varnothing, A, A^c, S\}$가 σ-algebra임을 보여라.

9 A와 B가 어떤 실험의 두 사건이며 $A \subset B$이면, $P(B-A) = P(B) - P(A)$임을 보여라.

10 빨강 양말이 3켤레, 파랑 양말이 4켤레 총 7켤레의 양말이 들어있는 상자에서 두 켤레의 양말을 뽑을 때 같은 색깔의 양말을 뽑을 확률을 구하여라.

11 이항정리를 이용하여 다음 식을 증명하라.

① $\sum_{k=1}^{n} k\binom{n}{k} = n2^{n-1}$

② $\sum_{k=1}^{n} k^2\binom{n}{k} = n(n+1)2^{n-2}$

12 일반화 이항정리를 이용하여 임의의 양의 실수 $\alpha > 0$에 대해 $|x| < 1$일 때 다음이 성립함을 보여라.

$$(1+x)^{-\alpha} = \sum_{k=0}^{\infty}\binom{\alpha+k-1}{k}x^k.$$

13 방정식 $x_1 + x_2 + \cdots + x_r = n$의 정수 해의 개수를 다음의 조건에서 구하여라.

① $i = 1,\ldots,r$에 대해 $x_i > 0$이다.

② $i = 1,\ldots,r$에 대해 $x_i \geq 0$이다.

참고 다항정리의 전개에서 항의 개수와 같다. 앞의 예제에서 $(x_1 + x_2 + x_3)^2$을 전개할 때 항의 개수는 $\binom{n+r-1}{r-1} = \binom{2+3-1}{3-1} = \binom{4}{2} = 6$이다.

2장

조건부확률과 독립

우리는 어떤 증거가 주어졌을 때 관심을 가지고 있는 사건의 확률이 어떻게 변하는지 알고 싶은 경우가 많이 있다. 조건부확률은 이런 경우 주어진 증거에 근거하여 해당 사건의 확률로 분류, 의사결정, 예측, 진단 등에 매우 중요한 역할을 한다.

2.1 조건부확률

● 정의

$P(A)>0$인 사건 A와 Ω의 부분집합으로 A가 아닌 사건 B가 주어졌을 때 새로운 표본공간 A에서 사건 B의 확률을 사건 A가 발생했을(주어졌을) 때 사건 B의 조건부확률(the conditional probability of the event B given that the event A)이라고 하며, $P(B|A)$로 표기하고 다음과 같이 정의한다.

$$P(B|A) \equiv \frac{P(A \cap B)}{P(A)}, \text{ 단 } P(A)>0.$$

또한, 위의 정의는 다음과 같은 논리에 의해 유도될 수 있다.

① $P(A|A)=1$

② $P(B|A)=P(A \cap B|A)$

③ $\dfrac{P(A \cap B|A)}{P(A|A)}=\dfrac{P(A \cap B)}{P(A)}$

여기서 두 번째 등호는 사건 A가 표본공간이 되면 관심 있는 B의 원소는 A의 원소도 되기 때문에, 즉 $A \cap B$의 원소라고 할 수 있다. 세 번째 등호의 좌우는 표본공간을 각각 A와 S로 한 경우로서 그 비가 같기 때문에 성립한다. 위 성질들을 이용하면 조건부확률 $P(B|A)$가 유도된다. 또한, 조건부확률 $P(B|A)$를 사건 A의 정보가 주어졌을 때 사건 B의 교정된(modified) 또는 갱신된(updated) 확률이라고도 부른다.

곱셈 법칙(Multiplication rule) 또는 연쇄 법칙(Chain Rule)

교사건의 확률을 구하기 어렵거나 복잡할 경우 조건부확률을 이용하면 두 확률의 곱으로 교사건의 확률을 다음과 같이 편리하게 구할 수 있다.

$$P(A\cap B)=P(A)\,P(B|A)$$

증명 조건부확률의 정의식 양변에 $P(A)$를 곱하면 다음 식을 유도할 수 있다.

$$P(B|A)\equiv\frac{P(A\cap B)}{P(A)}\ \Rightarrow\ P(A\cap B)=P(A)\,P(B|A)\ \ (\because\ P(A)>0)$$

즉, A와 B가 동시에 일어날 확률은 A가 발생할 확률과 A가 주어졌을 때 B의 조건부확률의 곱과 같다.

이는 조건부확률의 정의에서 양변에 $P(A)$를 곱하여 구해지기 때문에 곱셈법칙 또는 연쇄법칙이라고도 한다. 여기서 두 사건 A와 B의 역할을 바꾸면 $P(A\cap B)=P(B)P(A|B)$도 성립한다.

$$P(A\cap B)=\begin{cases}P(A)\times P(B|A)\ :\ \text{단},\ P(A)>0\\ P(B)\times P(A|B)\ :\ \text{단},\ P(B)>0.\end{cases}$$

위의 곱셈 법칙을 여러 사건에 대해서 다음과 같이 일반화할 수 있다.

$$P(E_1E_2E_3\cdots E_n)=P(E_1)P(E_2|E_1)P(E_3|E_1E_2)\cdots P(E_n|E_1\cdots E_{n-1})$$

증명 위 등식의 우변을 조건부확률의 정의를 적용하여 전개하면 다음과 같은 결과를 얻게 된다.

$$P(E_1)\frac{P(E_1E_2)}{P(E_1)}\frac{P(E_1E_2E_3)}{P(E_1E_2)}\times\cdots\times\frac{P(E_1E_2\cdots E_n)}{P(E_1E_2\cdots E_{n-1})}=P(E_1E_2\cdots E_n).$$

● 마르코프 성질

어떤 시스템에서 과거와 현재의 상태가 주어졌을 때 미래 상태의 조건부확률 분포가 과거 상태와는 독립적으로 현재 상태에 의해서만 결정되는 성질을 마르코프 성질(Markov Property)이라고 한다. 이러한 성질을 갖는 확률과정을 마르코프 연쇄(Markov chain)라고 하며 자연 생태계와 경제 사회현상을 설명할 때 널리 사용된다.

E_n을 n일째의 날씨라고 할 때 날씨가 마르코프 성질을 갖는다는 것은 $n+1$일째의 날씨는 오직 그 전날인 n일째의 날씨에만 영향을 받는다는 것을 의미한다. 이를 식으로 표현하면 다음과 같다.

$$P(E_{n+1}|E_n, E_{n-1}, \dots, E_0) = P(E_{n+1}|E_n)$$

● 전체(총)확률의 법칙(The Law of Total Probability)

▸ 분할

총확률의 법칙을 살펴보기에 앞서 분할에 대한 개념을 이해해야 한다. 집합 S가 주어졌을 때 어떤 양수 k에 대해 $A_1, \dots, A_k$가 공집합이 아닌 S의 부분집합이며 상호배반이고 $\cup_{i=1}^{k} A_i = S$를 만족하면 집합 $\{A_1, \dots, A_k\}$를 S의 분할(partition)이라고 한다.

예 대한민국이라는 집합 S에 대한 분할로 {서울특별시, 부산광역시, 대구광역시, 인천광역시, 광주광역시, 대전광역시, 울산광역시, 세종특별자치시, 경기도, 강원도, 충청북도, 충청남도, 전라북도, 전라남도, 경상북도, 경상남도, 제주도}를 생각할 수 있다.

▸ 총확률의 법칙

다음과 같은 상황을 살펴보자. 어느 도시는 세 개의 구 A_1, A_2, A_3가 있다. 즉, 이 도시는 세 개의 분리된 집합 A_1, A_2, A_3으로 분할이 되어 있다. 우리는 이 도시의 전체 숲의 면적에 관심이 있다. A_1, A_2, A_3의 숲 면적이 각각 $100km^2$, $50km^2$, $150km^2$라고 가정하자. 이때 이 도시의 숲의 면적은 얼마인가? 이 도시의 전체 숲의 면적을 구하기 위해서는 각 구의 숲 면적을 더하여 얻을 수 있다. 즉, $100km^2+50km^2+150km^2=300km^2$이 도시의 숲 면적이다. 여기서 숲의 면적을 사건 E의 확률로 대체하면 $P(E)$는 이 도시(집합 S)의 분할인 세 개의 구 A_1, A_2, A_3에서 구한 숲의 면적 $P(E \cap A_i)$들을 합하여 구할 수 있다. 즉, $P(E)=P(E \cap A_1)+P(E \cap A_2)+P(E \cap A_3)$이다.

특별한 경우로 사건 E의 확률을 임의의 사건 F와 F^c로 구성된 분할을 고려하여 다음과 같이 사건 F의 발생 여부와 관련된 E의 조건부확률들의 가중평균으로 구할 수 있다.

$$
\begin{aligned}
P(E) &= P(EF) + P(EF^c) \qquad (\because\ E = EF \cup EF^c,\ (EF) \cap (EF^c) = \varnothing) \\
&= P(E|F)P(F) + P(E|F^c)P(F^c) \\
&= P(E|F)P(F) + P(E|F^c)[1 - P(F)]
\end{aligned}
$$

예제 2.1.1

시험문제가 선다형 문제일 때 학생들은 정답을 알거나 아니면 추측으로 답을 선택한다. 학생이 정답을 알고 있을 확률을 p, 정답을 추측할 확률을 $1-p$라고 가정했을 때 선택할 수 있는 답안이 m개이면, 학생이 추측하여 선택한 답이 정답일 확률은 $1/m$이 된다. 만일 학생이 정답을 선택했다면, 그가 문제의 답을 알고 정답을 선택했을 조건부확률은 얼마인가?

풀이 C=학생이 정답을 선택한 사건

K=학생이 답을 실제 알고 있는 사건

$$P(K|C) = \frac{P(KC)}{P(C)} = \frac{P(C|K)P(K)}{P(C|K)P(K) + P(C|K^c)P(K^c)} = \frac{p}{p + (1/m)(1-p)}$$

참고 지선다형 문제의 경우(즉, $m=5$, $p=1/2$); $\dfrac{1/2}{(1/2)+(1/5)(1/2)}=5/6$

▸ 총확률(전 확률)의 법칙 확장

$\{B_1,...,B_n\}$이 S의 분할이고 모든 B_i에 대해 $P(B_i)>0$이라고 가정하면 $P(A)>0$인 임의의 사건A의 확률을 분할을 구성하는 모든 B_i와 관련하여 다음과 같이 계산할 수 있다.

$$P(A)=P(B_1)P(A|B_1)+P(B_2)P(A|B_2)+\cdots+P(B_n)P(A|B_n)$$

증명

$A=A\cap S=A\cap(B_1\cup B_2\cup\cdots\cup B_n)=(A\cap B_1)\cup(A\cap B_2)\cup\cdots(A\cap B_n)$

$\Rightarrow P(A)=P(A\cap B_1)+P(A\cap B_2)+\cdots+P(A\cap B_n)$

($\because$ $A\cap B_i$ $(i=1,...,n)$는 서로 배반)

$=P(A|B_1)P(B_1)+P(A|B_2)P(B_2)+\cdots+P(A|B_n)P(B_n)$

($\because$ $P(A\cap C_i)=P(C_i)P(A|C_i)$)

$=\sum_{i=1}^{n}P(A|B_i)P(B_i)$

즉, $P(A)$는 조건부확률 $P(A|B_i)$들의 가중평균이며 가중치는 조건 B_i의 확률 $P(B_i)$임을 알 수 있다.

벤다이어그램(Venn diagram)을 사용하면 총확률의 법칙에 잠재된 아이디어를 다음과 같은 그림으로 나타낼 수 있다.

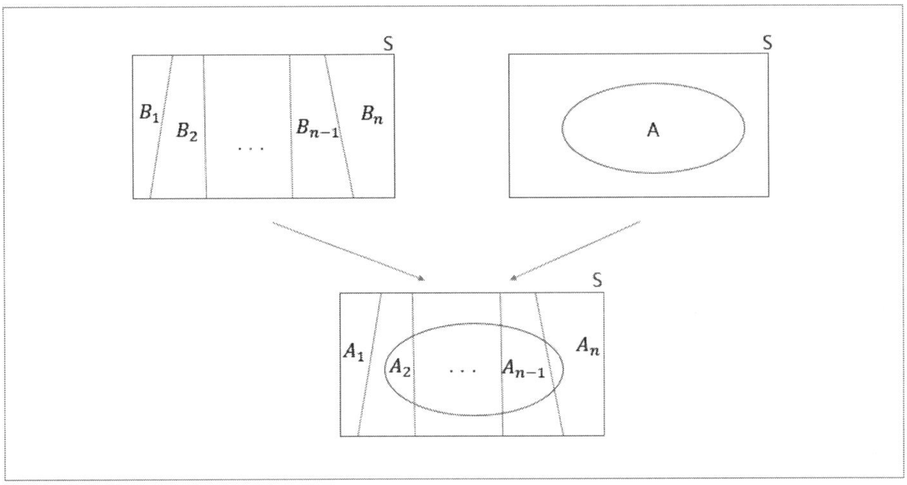

그림 2.1 총확률의 법칙. 단, $A_i = A \cap B_i \ (i=1,\ldots,n)$

2.2 베이즈 정리

자료(evidence)가 주어지면 의사결정은 자료에 근거하여 도출되어야 한다. 이때 주어진 자료로부터 내릴 수 있는 다양한 결론 중 특정 결론을 내릴 확률을 구할 필요가 있다. 만약 이 확률을 자료로부터 직접 구하는 것이 어렵다면, 이때는 베이즈 정리를 이용하여 쉽게 구할 수 있다. 즉, 생각할 수 있는 다양한 결론 중 각 결론에서 해당 자료가 나올 확률을 이용하면, 이를 이용하여 처음 구하고자 했던 확률을 다음과 같이 계산할 수 있다. 이 공식을 베이즈 정리(Bayes theorem)라고 부른다.

$$P(C_j|E) = \frac{P(E \cap C_j)}{P(E)} = \frac{P(C_j)P(E|C_j)}{\sum_{i=1}^{n} P(C_i)P(E|C_i)} \quad \text{단, } P(E) > 0,\ P(C_j) > 0$$

베이즈 정리는 E라는 사건이 발생했을 때(정보가 주어졌을 때) 특정 C_j가 일어날 확률을 가능한 모든 $C_1,\ldots,C_n$의 확률들과 각각의 C_k가 주어졌을 때 E의 조건부 확률들을 이용하여 계산한다. 여기서 $P(C_i)$를 사건 E를 고려하지 않고 구한다는 의미로 사전(prior)확률이라 부르며, $P(C_j|E)$를 사건 E를 고려하여 구한 확률이라는 의미로 사후(posterior)확률이라 부른다.

영국의 목사이자 철학자인 베이즈(Thomas Bayes, 1702~1761)에 의해 만들어진 베이즈 정리는 그가 세상을 떠난 후 1763년에 친구인 Richard Price에 의해 수정 발표되었으며, 1812년 Pierre-Simon Laplace에 의해 오늘날 우리가 사용하고 있는 형태로 발표되었다. 그래서 이 세 사람의 업적을 기리기 위해 Bayes-Price-Laplace 정리라고도 한다.

베이즈 공식은 추가적인 정보가 있을 때 이를 반영하여 개별 확률들을 다시 계산해야 할 때 유용하다.

예제 2.2.1

한 개업 의사가 다음과 같은 딜레마에 빠져 있다. "나는 환자가 어떤 병에 걸려 있다고 80% 이상 확신하면 항상 수술을 권한다. 그러나 그 정도의 확신이 없으면 비용이 많이 들긴 하지만 추가적인 검사를 권한다." 이 의사는 처음에 환자 김씨가 이 병에 걸려 있다고 60% 확신을 했었다. 그래서 추가로 이 병에 걸려 있는 환자는 항상 양성반응을 보이고 건강한 환자는 양성반응을 나타내지 않는 검사 A를 추가로 받도록 지시했다. 해당 검사 결과가 양성으로 나와서 수술 준비를 하던 중 이 환자는 자신이 당뇨병이 있다고 말하였다. 환자가 당뇨병이 있다는 사실을 말함으로 인해 의사는 머리가 복잡해졌다. 비록 이 정보로 인하여 환자가 병에 걸려 있을 가능성의 처음 추측값 60%에 변화가 생긴 것은 아니지만, 추가로 받은 검사 A의 결과에 대한 해석은 영향을 받게 된다. 왜냐하면, 검사 A는 건강한 환자에게서는 결코 양성반응이 나타나지 않지만, 앞에 언급한 질병에 걸려 있지 않더라도 당뇨병 환자의 경우는 불행하게도 30%가 양성반응을 보이기 때문이다. 의사는 딜레마에 빠졌다. 추가로 검사를 더 해야 하는가 아니면 바로 수술해야 하는가? 어떤 조언을 줄 수 있겠는가?

풀이 검사 A의 결과가 양성반응이었을 때 김씨가 병에 걸렸을 확률

D=김씨가 해당 질병에 걸렸을 사건

E=A검사결과가 양성인 사건

$$P(D|E)=\frac{P(DE)}{P(E)}=\frac{P(E|D)P(D)}{P(E|D)P(D)+P(E|D^c)P(D^c)}$$

$$=\frac{(0.6)1}{1(0.6)+(0.3)(0.4)}=0.833$$

따라서 김씨가 질병에 걸려 있다고 80% 이상 확신하기 때문에 바로 수술해야 한다.

사전확률의 영향

이제 베이즈 정리에서 사전확률이 사후확률에 어떻게 영향을 주는지 다음 예제를 통해서 살펴보자.

예제 2.2.2

어떤 인구 집단에서 전 인구의 0.4%가 감염된 희귀병이 있다고 하자. 어떤 실험실의 진단키트를 사용하여 테스트하면, 질병에 감염된 사람은 99% 양성반응을 보이고 감염되지 않은 사람에게는 99.5%가 음성 반응을 보인다고 하자. 해당 진단키트는 매우 정확한 것으로 보인다.

이제 임의로 한 사람을 선택하여 진단키트로 시험하였더니 양성반응을 보였다고 하면, 이 사람이 실제로 질병에 감염되었을 확률은 얼마인가?

풀이 다음과 같이 사건을 정의하자.

D: 어떤 사람이 질병에 감염된 사건

+: 테스트 결과 양성을 보인 사건

주어진 사건의 확률은 P(D|+)로서 다음과 같이 계산된다.

$$P(D|+)=\frac{P(D\cap +)}{P(+)}=\frac{P(D)P(+|D)}{P(D)P(+|D)+P(D^c)P(+|D^c)}$$

$$=\frac{0.0004\cdot 0.99}{0.0004\cdot 0.99+0.996\cdot 0.005}=0.443$$

이 문제에 의하면 비록 어떤 사람이 진단키트로 시험한 결과가 양성이었다고 할지라도 실제로 해당 질병에 걸렸을 확률이 50%를 넘지 않는 것을 알 수 있다. 이 결과는 진단시험의 정확도가 매우 높은 것에 비하면 납득하기 어려운 결과처럼 보인다. 그러나 그 이유는 테스트를 받은 사람이 전체 인구에서 임의로 선택되었기 때문에 발생한 것이다. 해당 질병은 희귀한 병이기 때문에 질병에 걸려 양성반응을 보인 사람의 비율 $P(D\cap +)=0.000396$이 질병에 걸리지 않고 양성반응을 보인 사람의 비율인 $P(D^c\cap +)=0.00498$보다 훨씬 적다. 따라서 임의로 선택된 사람의 경우 계산된 확률이 0.5보다 적게 된 것이다.

그러나 질병감염여부를 확인하기 위해 실제로 테스트를 받으러 가는 사람은 대개 자신들 스스로나 담당 의사들이 테스트를 받아야 한다고 생각하기 때문에 테스트를 받게 된다. 이런 경우 테스트를 받는 사람들은 더 이상 임의로 선택된 사람이라고 볼 수 없다. 이런 사람에 대해서는 임의성(randomness)에 대한 가정을 다시 고려해 봐야 한다. 어떤 사람이 자기가 질병에 걸렸을 수도 있다고 생각한다면 이 사람이 질병에 걸렸을 주관적인 확률은 임의의 사람이 질병에 걸렸을 확률보다 분명히 더 커야 한다. 이제 이런 사전확률의 차이가 어떤 변화를 일으키는지 다음과 같은 절차로 살펴보자.

1) 질병에 감염되었을 확률을 0.0004에서 다른 값들로 변화시켜 본다. 따라서 질병에 걸리지 않을 확률도 달라져야 한다.
2) 진단키트의 정확도는 그대로 둔다.
3) 진단 테스트 결과 양성반응을 보였다는 가정하에 실제 질병에 감염되었을 사후확률이 다양한 사전확률값에 대해 어떻게 달라지는지 살펴본다.

다음 그림은 위 문제를 해결하기 위한 파이썬 코딩과 그 결과물이다.

```
prior = make_array(0.004, 0.01, 0.05, 0.1, 0.5)
Table().with_columns(
   'Prior P(D)', prior,
    'Posterior P(D|+)', (prior*0.99)/(prior*0.99 + (1-prior)*0.005)
)
```

Prior P(D)	Posterior P(D|+)
0.004	0.442953
0.01	0.666667
0.05	0.912442
0.1	0.956522
0.5	0.994975

그림 2.2 사전확률이 사후확률에 미치는 영향

위 그림에서 아랫부분의 표는 어떤 사람이 테스트 결과 양성반응을 보였을 때 그 사람이 실제 질병에 감염되었을 사후확률이 사전확률에 의해 크게 달라진다는 것을 보여주고 있다. 예를 들어, 어떤 사람이 자신이 질병에 걸려 있을 확률이 0.1이라고 생각하고 있다고 하자. 그러면 그 사람의 테스트 결과가 양성이었다면, 이 사람이 질병에 걸렸을 확률은 0.95 이상의 값으로 수정됨을 알 수 있다.

● 나무 그림(tree graph)을 이용한 확률계산

나무 그림은 조건부확률이 포함된 확률을 계산할 때 유용한 도구로 그래프를 이용하여 확률들을 표현한다. 예제를 통해 나무 그림이 조건부확률 계산에 어떻게 사용되는지 살펴보자.

예제 2.2.3 남성과 여성의 피부암

강렬한 햇빛에 노출되거나 반복적으로 햇빛에 노출되면 피부암에 걸릴 수 있다. 햇빛 노출의 형태는 남성과 여성 사이에 차이가 있다. 어떤 나라의 사람들을 대상으로 신체의 특정 부위에 있는 피부 악성 흑점(cutaneous malignant melanoma)을 연구한 보고서에 의하면 피부암의 15%는 머리와 목 부분, 41%는 코에서, 나머지 44%는 팔에서 각각 발견되었다고 한다. 또한, 머리 부위 피부암 환자의 44%가 남성이었고 코 부위 피부암 환자는 63%가 남성이었으며 팔 부위 피부암 환자는 20%가 남성이었다고 한다.

① 피부암 환자 중 여성의 비율은 얼마인가?

풀이 피부암의 발생 부위에 따라 피부암 환자의 그룹은 세 그룹으로 나눌 수 있으며 각 그룹의 확률은 다음과 같다.

$$P(\text{머리})=0.15,\ P(\text{코})=0.42,\ P(\text{팔})=0.44,\ P(\text{머리})+P(\text{코})+P(\text{팔})=1.0$$

또한, 그룹별 남성의 비율은 조건부확률에 의해 다음과 같이 표현할 수 있다.

$$P(\text{남성}|\text{머리})=0.44;\ P(\text{남성}|\text{코})=0.63;\ P(\text{남성}|\text{팔})=0.20$$

나무 그림에서 분기된 각각의 부분(segment)은 문제의 한 단계(stage)가 된다. 여기서 첫 번째 분기는 피부암 발생의 부위에 해당하고 두 번째 분기는 암 환자의 성별에 해당한다. 따라서 본 문제에 해당하는 나무 그림에는 6개의 가지가 있으며 각 가지는 두 단계–암 발생 부위와 암 환자의 성별–을 거치는 하나의 통로가 된다.

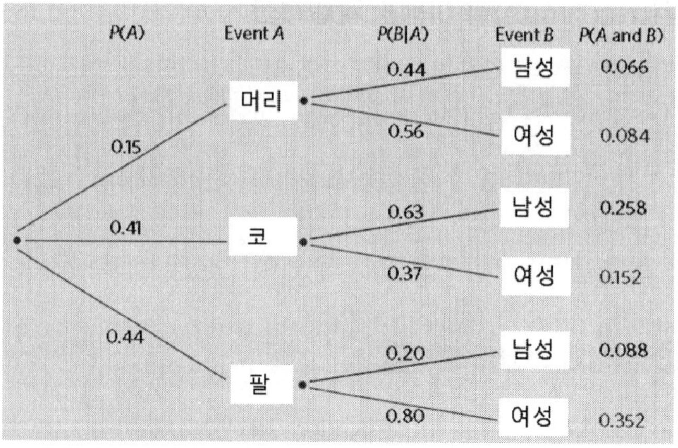

그림 2.3 피부암의 나무 그림

특정 부분들(segments) 위의 확률은 피부암 환자가 각 부분이 분기된 노드로부터 해당 부분을 따를 조건부확률이다. 임의의 피부암 환자는 가장 왼쪽의 첫 노드에서 피부암 발생 부위에 따라 3개의 부분으로 분기되고 각 부분이 도착한 세 개의 노드에서 다시 똑같이 피부암 환자의 성별에 의해 두 개의 부분으로 분리된다.

아래쪽 가지인 팔 그룹을 살펴보면 피부암 환자는 피부암의 발생 부위에 의해 팔 그룹으로 분리되었다. 또한 팔이라는 노드에서는 남성과 여성 두 부분으로 갈라졌으며 갈라진 두 부분에 적혀있는 확률 0.20과 0.80은 조건부확률로 P(남성|팔)=0.20과 P(여성|팔)=0.80에 해당한다.

이제 곱의 법칙을 사용하여 임의의 피부암 환자가 팔 부위에 암이 있는 여성일 확률을 구해보자.

P(팔 부위의 피부암이고 여성)

= P(팔 부위의 피부암)P(여성|팔) (∵ 곱의 법칙)

=(0.44)(0.80)=0.352 (나무의 가장 아래 가지의 오른쪽 끝에 표시됨.)

즉, 나무의 온전한 가지의 확률은 가지를 구성하는 각 부분에 적힌 확률들의 곱과 같음을 알 수 있다.

피부암 환자가 여성에 도달하는 길에는 세종류가 있고 이 길들은 상호배반이다. 따라서 피부암 환자가 여성일 확률은 이 길에 해당하는 확률들의 합이 된다.

P(여성) = P(여성이고 머리 부위)+ P(여성이고 코 부위)+ P(여성이고 팔 부위)

= P(머리)P(여성|머리)+ P(코)P(여성|코)+ P(팔)P(여성|팔)

=(0.15)(0.56)+(0.41)(0.37)+(0.44)(0.80)

=0.084+0.152+0.352=0.588

즉, 피부암 환자 중 약 59%가 여성이다.

참고 나무 그림은 실제 사용보다 이를 설명하는 것이 더 장황해 보이지만 일단 이해하고 나면 매우 편리한 도구이다.

② 여성 피부암 환자 중 팔에 암이 있는 비율은 얼마인가?

풀이 $P(\text{팔}|\text{여성}) = \frac{P(\text{팔이고 여성})}{P(\text{여성})} = \frac{0.352}{0.588} = 0.599$

($\because$ $P(\text{팔이고 여성})$ =나무 그림의 한 가지의 결과=0.352)

여성 피부암 환자 중 약 60%가 팔 부위에서 암이 발생하였다. 이를 피부암 환자 중 팔 부위에서 암이 발생한 비율인 44%와 비교해서 설명하면 어떻게 설명할 수 있을까? 만일 피부암 환자가 여성이었다면 암이 팔에서 발생할 확률은 더 커진다(44% ↗ 60%).

2.3 진단테스트의 지표

조건부확률 및 베이즈 정리는 의학에서 진단 테스트와 관련한 다양한 지표 계산에 사용되고 있다. 어떤 질병에 대한 진단 테스트(diagnostic test)의 결과 발생 가능한 경우는 다음과 같이 혼돈행렬을 사용하여 정리할 수 있다.

● 분할표

표 2.1 혼돈행렬(confusion matrix) 또는 분할표(contingency table)

예측 (진단, 판단) \ 실제	양성(Positive) (질병이 있다)	음성(Negative) (질병이 없다.)	합
양성(Positive)	참양성(True Positive; TP)	거짓양성(False Positive; FP)	TP+FP
음성(Negative)	거짓음성(False Negative; FN)	참음성(True Negative; TN)	FN+TN
합	TP+FN	FP+TN	

참고: TP, FP, FN, TN의 첫 글자는 실제 상태를 두 번째 글자는 예측을 의미한다.

일반적으로 양성과 음성은 두 클래스 중 중요한 클래스를 양성, 그렇지 않은 클래스를 음성으로 구분한다. 따라서 위의 양성과 음성의 참과 거짓은 다음과 같은 경우에 해당된다.

- TP(true positive, 참양성): 양성이라 예측(판단)했을 때 실제로 양성인 경우이다.
- TN(true negative, 참음성): 음성이라 예측(판단)했을 때 실제로 음성인 경우이다.
- FP(false positive, 거짓양성): 양성이라 예측(판단)했으나 실제로는 음성인 경우, 진단 테스트의 경우 정상임에도 불구하고 검진에서 환자로 판단한 경우를 말한다.
- FN(false negative, 거짓음성): 음성이라 예측(판단)했으나 실제로는 양성인 경우, 진단 테스트의 경우 실제로 환자임에도 불구하고 검진에서 가려내지 못한 경우이다.

평가지표

- 진단 테스트의 성능을 평가하기 위한 지표

① **진양성률**(True Positive Rate; TPR): 실제 질병이 있는 사람이 검사 결과 양성일 확률로 검정력 $(1-\beta)$와 같으며 진단 테스트의 민감도(sensitivity) 또는 재현율(recall)이라고도 한다.

$$TPR=\frac{\text{예측도 실제와 같이(즉, 예측과 실제모두) 양성인 수}}{\text{실제 총 양성의 수}}=\frac{TP}{TP+FN}$$

② **진음성률**(True Negative Rate; TNR): 실제 질병이 없는 사람이 검사 결과 음성일 확률로 진단 테스트의 특이도(specificity)라고도 한다.

$$TNR=\frac{\text{예측도 실제와 같이(즉, 예측과 실제 모두) 음성인 수}}{\text{실제 총 음성의 수}}=\frac{TN}{TN+FP}$$

③ **위양성률**(False Positive Rate; FPR): 실제 질병이 없는 사람이 검사 결과 양성일 확률로 제1종 오류확률인 α와 같다.

$$FPR=\frac{\text{거짓 양성인 수}}{\text{실제 총 음성의 수}}=\frac{FP}{FP+TN}=1-\frac{TN}{FP+TN}=1-\text{특이도}$$

진음성율과 위양성률을 더하면 1이 된다.

④ **위음성율**(False Negative Rate; FNR): 실제 질병이 있는 사람이 검사 결과 음성으로 나올 확률로 다음과 같이 정의된다.

$$FNR = \frac{\text{거짓 음성인 수}}{\text{실제 총 양성의 수}} = \frac{FN}{TP+FN} = 1 - \frac{TP}{TP+FN} = 1 - \text{민감도}$$

진양성률과 위음성률의 합은 1이 된다.

⑤ **정확도**(Accuracy): 전체 검사 중에서 양성과 음성을 맞춘 비율로 다음과 같다.

$$\text{정확도} = \frac{TP+TN}{TP+TN+FP+FN} = \frac{\text{대각항의 합}}{\text{총 관측값의 수}}$$

⑥ **오분류율**(misclassification rate) **또는 오류율**(error rate): 잘못 분류된 관측치의 비율로 예측모형이 잘못된 예측을 하는 빈도를 의미한다.

$$\text{오분류율} = \frac{FP+FN}{TP+TN+FP+FN} = \frac{\text{비대각항의 합}}{\text{총 관측값의 수}}$$

정확도와 오분류율의 합은 1이 된다.

⑦ **유병률**(prevalence rate): 특정 인구집단(지역)에서 특정 질환이 있는, 즉 양성인 인구의 수를 해당 전체 인구의 수로 나눈 값으로 시점(point)유병률과 기간(period)유병률이 있다.

$$\text{유병률} = \frac{TP+FN}{TP+TN+FP+FN}$$

⑧ **양성예측도**(Positive Predictive Value; PPV) **또는 정밀도**(precision): 어떤 사람이 진단검사를 받은 결과 양성으로 나왔을 때 그 사람이 실제 질병에 감염이 되어 있을 확률로 다음과 같다.

$$\text{정밀도 또는 양성예측율} = \frac{TP}{TP+FP} = P(\text{질병이 있음} \mid \text{테스트 결과가 양성})$$

▸ 양성예측도와 유병률, 민감도 및 특이도 사이의 관계

$$PPV=\frac{TP}{TP+FP}=\frac{\text{민감도}\times\text{유병률}}{\text{민감도}\times\text{유병률}+(1-\text{특이도})(1-\text{유병률})}$$

$$\because\ \frac{TP}{TP+FP}=\frac{\frac{TP}{TP+FN+FP+TN}}{\frac{TP}{TP+FN+FP+TN}+\frac{FP}{TP+FN+FP+TN}}$$

$$=\frac{\frac{TP}{TP+FN}\times\frac{TP+FN}{TP+FN+FP+TN}}{\frac{TP}{TP+FN}\times\frac{TP+FN}{TP+FN+FP+TN}+\frac{FP}{FP+TN}\times\frac{FP+TN}{TP+FN+FP+TN}}$$

$$=\frac{\frac{TP}{TP+FN}\times\frac{TP+FN}{TP+FN+FP+TN}}{\frac{TP}{TP+FN}\times\frac{TP+FN}{TP+FN+FP+TN}+\left(1-\frac{TN}{FP+TN}\right)\times\left(1-\frac{TP+FN}{TP+FN+FP+TN}\right)}$$

$$=\frac{\text{민감도}\times\text{유병률}}{\text{민감도}\times\text{유병률}+(1-\text{특이도})(1-\text{유병률})}$$

유병률이 감소(증가)하면 양성예측도는 감소(증가)하고 음성예측도는 증가(감소)한다. 또한 유병률이 낮으면, 데이터의 불균형으로 인해 TP보다 FP가 훨씬 많으므로 PPV는 낮아지게 된다. 이를 양성예측도는 "유병률이 낮을수록 적은 값을 가진다"라고 표현한다.

민감도의 경우 민감도가 증가(감소)하면 양성예측도는 증가(감소)하나 음성예측도는 감소(증가)한다. 또한 민감도가 높으면 TP의 경우가 많다는 것을 의미하므로 PPV 값이 커짐을 알 수 있다.

위 식에서 민감도×유병률이 분모와 분자에 같이 있으므로 (1-specificity)*(1-prevalence)가 실제 PPV 값에 영향을 주게 된다. 따라서 specificity가 고정되어 있을 경우, 유병률이 낮을수록 분모가 커져서 PPV 값은 작아지게 된다.

유병률이 고정되어 있는 경우 특이도가 커지면 분모가 작아져 PPV 값은 커지게 된다.

▸ 민감도, 특이도 vs. 양성예측도, 음성예측률의 해석 차이

① 민감도와 특이도는 검진을 받은 "사람"의 관점에서 그 기기의 검진의 정확도

를 판단한다. 즉, 기준이 되는 분모가 사람이다(민감도=실제 양인 사람 중~, 특이도=실제 음인 사람 중~).

② 양성예측도나 음성예측도의 경우 "기기의 관점"에서 검진의 정확도를 판단한다. 분모가 예측이다(양성예측도=양으로 진단한 경우 중~, 음성예측도=음으로 진단한 경우 중~).

▸ 어떤 지표가 좋은 지표인가?

① 민감도

1) 환자의 생명과 직접적인 관련이 있을 수 있음.

2) 민감도가 낮은 검진: False Negative(환자인데 정상으로 판단)가 많다는 의미.

3) 환자인데 정상으로 판단하여 적절한 치료를 받지 못하면, 환자의 생명에 지장이 있을 수도 있음.

4) 이것이 많은 사람이 민감도를 중요시하는 이유.

② 특이도

1) 불필요한 비용의 낭비와 관련이 있음.

2) 특이도가 낮은 검진: False Positive(정상인데 환자로 판단)가 많다는 의미.

3) 정상인이 환자로 판단되면, 환자가 불안감에 시달리거나 불필요한 정밀검사를 추가로 받아 환자가 아니라는 것을 밝혀야 한다. 따라서 불필요한 비용이 발생.

③ 민감도와 특이도의 관계

1) 민감도와 특이도는 현실적인 관점에서 trade off의 관계에 있음.

2) 민감도를 높이면 특이도는 보통 낮아짐.

3) 따라서 적절한 수준에서 검진의 민감도와 특이도를 설정할 필요가 있음.

4) 뒤의 ROC 곡선에서 실제 예를 들어 설명.

예제 2.3.1

나이 든 여성에게서 유방암은 흔히 발생하는 질병이다. 모든 연령층의 여성 중 60대 여성들이 유방암에 걸릴 위험이 가장 크다. 미국의 국립암센터(NCI)에서는 세 종류의 암 발생에 대한 역학 자료를 축적하고 있다. NCI의 보고에 따르면 60대 여성 중 3.65%가 유방암에 걸려 있다고 한다. 유방조영상(mammogram)은 유방암을 추적하기 위해 사용되는 유방의 X-ray 영상이다. 이 조영상을 사용하면 환자의 85%는 정확하게 식별해내며 유방암에 걸리지 않은 사람의 경우에도 95% 정확하게 식별한다. 만약 어떤 60대 여성이 조영상 테스트 결과 양성판정을 받았다면 해당 여성이 실제 유방암에 걸렸을 확률은 얼마인가?

풀이 P(유방암)=0.0365; P(No 유방암)=0.9635

P(양성 | 유방암)=0.85 (민감도); P(음성 | 유방암)=0.15

P(양성 | No 유방암)=0.05; P(음성 | No 유방암)=0.95 (특이도)

계산해야 할 확률은?

P(유방암 | 양성)=양성예측값(PPV)

P(양성)= P(TP)+P(FP)

= P(암이고 양성)+ P(암이 아니고 양성)

= P(암)P(양성 | 암)+ P(암이 아님)P(양성 | 암이 아님)

$$=(0.0365)(0.85)+(0.9635)(0.05)=0.031+0.048$$

$$PPV = P(cancer \mid test+) = \frac{P(TP)}{P(TP)+P(FP)}$$

$$= \frac{0.031}{0.031+0.048} = 0.392$$

따라서 임의로 선택된 60대 여성이 조영상 테스트 결과 양성으로 판정되었다면, 실제로 해당 여성이 유방암에 걸렸을 확률은 39%이다. 즉, 이 여성이 유방암에 걸리지 않았을 확률이 61%이므로 의사는 이 사실을 정확히 이해하고 해당 여성에게 이 사실을 분명히 알려야 한다.

예제 2.3.2

다음의 표를 보고 물음에 답하여라.

예측 \ 실제	폐암(O)	폐암(X)	
X-Ray 양성	90	100	190
X-Ray 음성	10	800	810
	100	900	1000

① 민감도, 특이도, 위양성률, 위음성률을 계산하라.

풀이

- 민감도: 폐암환자 중 양성판정을 받은 사람의 비율은 90/100=0.9
- 특이도: 비환자(건강한 사람) 중 음성판정을 받은 사람의 비율은 800/900 =0.89
- 위양성률(False Positive Rate)=1−특이도=1−0.89=0.11(=100/900)
- 위음성률(False Negative Rate)=1−0.9=0.1(=10/100)

② 양성예측도, 음성예측도를 계산하라.

풀이

- 양성예측도: X-ray가 양성이라고 판단했을 때, 실제 폐암 환자일 확률은 90/190=0.47
- 음성예측도: X-ray가 음성이라고 판단했을 때, 진짜 정상인일 확률은 800/810=0.98

③ 양성예측도가 민감도나 특이도처럼 그 값이 크지 않은 이유를 설명하라.

풀이 비환자 900명 중 100명이 X-ray 양성으로 잘못 판단되었지만(False Positive), 상대적으로 비환자가 환자보다 9배 많아서 비환자에 해당하는 값 100이 상대적으로 크게 잡힌 값이다. 이를 식으로 살펴보면 다음과 같다.

$$\text{양성예측도} = \frac{90}{90(\text{환자 중 양성으로 진단}) + 100(\text{정상인 중 양성으로 진단})}$$

만일 정상인과 환자의 총수를 똑같이 100명으로 하면 양성예측도는 다음과 같이 0.9로 민감도 및 특이도와 비슷한 값이 된다.

$$양성예측도 = \frac{90}{90(환자\ 중\ 양성으로\ 진단) + \frac{100}{9}(정상인\ 100명\ 중\ 양성으로\ 진단)}$$

$$= 0.89$$

양성예측도가 민감도나 특이도처럼 그 값이 크지 않은 이유는 정상인이 환자보다 상대적으로 많으므로 FP가 많아져서 양성예측도가 적어진 것이다. 즉, 데이터의 불균형(imbalance of data)으로 인해 발생한 것이다.

분할표와 ROC 곡선

ROC 곡선(Receiver Operating Characteristic curve)은 민감도와 1-특이도로 그려지는 곡선으로, 주로 검사도구의 유용성을 판단하거나 검사의 정확도를 평가하는 데 사용되고, 진단을 위한 도구 개발에서 검사의 기준점(cut point)을 설정하는 경우에도 이용된다.

다음 예제를 이용하여 ROC 곡선을 그리는 절차를 살펴보자.

예제 2.3.3

A라는 질병의 진단키트를 개발하는 어떤 연구소에서는 혈액에서 채취한 어떤 것이 해당 질병과 관련이 있다는 것을 발견하였고, 이것의 수치를 이용해서 질병의 감염 여부를 진단하려 시도하는 중이다. 정상인과 질병에 걸린 환자를 각각 5명씩 모집하고, 이것의 수치를 아래와 같이 측정하였다(실제 계산을 위해 사람 수를 적게 함).

정상인(음성) : 3.3 3.6 5.2 4.6 4.9
환자(양성) : 5.3 6.8 7.7 8.3 4.7

질병의 감염을 판정하는 기준 수치 k(k보다 크면 질병에 감염됨)를 어떻게 정해야 하는가?

풀이

	$k=9$ ($8.3 \le k$)			$k=8$ ($7.7 \le k < 8.3$)			$k=7$ ($6.8 \le k < 7.7$)			$k=6$ ($5.3 \le k < 6.8$		
실제 / 진단	양성	음성	합계	양성	음성	합계	양성	음성	합계	양성	음성	합계
양성	0	0	0	1	0	1	2	0	3	3	0	3
음성	5	5	10	4	5	9	3	5	7	2	5	7
합계	5	5	10	5	5	10	5	5	10	5	5	10
민감도	0/(0+5)=0			1/(1+4)=0.2			2/(2+3)=0.4			3/(3+2)=0.6		
특이도	5/(0+5)=1.0			5/(0+5)=1.0			5/(0+5)=1.0			5/(0+5)=1.0		

	$k=5$ ($4.9 \le k < 5.2$)			$k=4$ ($3.6 \le k < 4.6$)			$k=3$ ($k < 3.3$)		
실제 / 진단	양성	음성	합계	양성	음성	합계	양성	음성	합계
양성	4	1	5	5	3	8	5	5	10
음성	1	4	5	0	2	2	0	0	0
합계	5	5	10	5	5	10	5	5	10
민감도	4/(4+1)=0.8			5/(5+0)=1.0			5/(5+0)=1.0		
특이도	4/(1+4)=0.8			2/(3+2)=0.4			0/(5+0)=0		

① $k=9$인 경우

수치가 9보다 크면 질병에 감염되어 있다(양성)고 진단한다.

실제 정상인(음성)의 경우 수치가 모두 9보다 작으므로 5명 모두 정상(음성)으로 판단하고, 실제 환자(양성)인 경우 수치가 모두 9보다 작은(정상, 음성) 값을 가지므로 5명 음성이다.

민감도=0/(0+5)=0; 특이도=5/(0+5)=1.0

위 결과는 $8.3 \le k$일 때 동일한 결과를 가진다.

② $k=8$인 경우

수치가 8보다 크면 질병에 감염되어 있다(양성)고 진단한다.

실제 정상인(음성)의 경우 수치가 모두 8보다 작으므로 5명 모두 정상(음성)으로 판단하고, 실제 환자(양성)인 경우 수치가 8보다 작은(정상, 음성) 경우가 4명 큰 경우(양성)가 1명이다.

민감도=1/(1+4)=0.2; 특이도=5/(0+5)=1.0

위 결과는 $7.7 \le k < 8.3$일 때 동일한 결과를 가진다.

③ $k=7$인 경우
수치가 7보다 크면 질병에 감염되어 있다(양성)고 진단한다. 실제 정상인(음성)의 경우 수치가 모두 7보다 작으므로 5명 모두 정상(음성)으로 판단하고, 실제 환자(양성)인 경우 수치가 7보다 작은(정상, 음성) 경우가 3명 큰 경우(양성)가 2명이다.

민감도=2/(2+3)=0.4; 특이도=5/(0+5)=1.0

위 결과는 $6.8 \le k < 7.7$일 때 동일한 결과를 가진다.

④ $k=4$인 경우
수치가 4보다 크면 질병에 감염되어 있다(양성)고 진단한다. 실제 정상인(음성)의 경우 수치가 4보다 큰 값(양성)이 3명 적은 값(음성)이 2명이고, 실제 환자(양성)인 경우 수치가 모두 4보다 크므로 5명 모두 양성이다.

민감도=5/(5+0)=1.0; 특이도=2/(3+2)=0.4

위 결과는 $3.6 \le k < 4.6$일 때 동일한 결과를 가진다.
⑤ $k=3$인 경우
수치가 3보다 크면 질병에 감염되어 있다(양성)고 진단한다. 실제 정상인(음성)의 경우 수치가 모두 3보다 크므로 5명 모두 질병감염(양성)으로 판단하고, 실제 환자(양성)인 경우 수치가 모두 3보다 크므로 5명 모두 양성이다.

민감도=5/(5+0)=1.0; 특이도=0/(5+0)=0

위 결과는 $k < 3.3$일 때 동일한 결과를 가진다.

▸ 민감도와 특이도의 관계
질병 감염여부의 기준이 되는 k의 값에 따라 민감도와 특이도가 다른 값을 가지

며, 특히 민감도가 커지면 특이도가 작아지고 특이도가 커지면 민감도가 작아지는 상충관계(trade-off)가 발생한다. 이를 위한 해결책으로 민감도와 특이도가 동일하게 중요하므로 둘의 합을 최대로 만드는 k값을 구한다. 즉,

response=sensitivity + specificity 또는

response=w×sensitivity + $(1-w)$×specificity

(중요하게 여기는 정도를 가중치로 결정함)

또한 ROC 곡선을 이용하여 이 문제를 해결할 수 있다.

ROC 곡선

ROC 곡선은 FPR과 TPR을 각각 x, y축으로 놓은 그래프로서 x, y가 둘 다 [0,1]의 범위이고, (0,0)에서 (1,1)을 잇는 곡선이다.

$$x\text{-축}=1-\text{특이도}=1-\frac{TN}{TN+FP}=\frac{FP}{FP+TN}=\text{FPR(위양성률)}$$

$$y\text{-축}=\text{민감도}=\frac{TP}{TP+FN}=\text{TPR(진양성률)}$$

▸ **두 축(TPR과 FPR)은 서로 비례 관계에 있다.**

암진단의 경우, 매우 성급한 의사는 조금의 징후에도 암으로 판단한다면 FPR은 1에 가까우며(정상인 사람도 전부 암이라고 함), TPR은 당연히 1에 가까운 값을 갖는다.

암진단을 할 줄 모르는 실력 없는 의사의 경우 모든 암환자에 대해서도 암이 아니라고 진단할 것이므로 이 경우 TP가 0에 가까워져 TPR이 0에 가까운 값을 가지며, 마찬가지로 FPR도 0에 가까운 값을 갖는다(암환자라고 판단 자체를 하지 않기 때문에 암환자라고 잘못 진단하는 경우가 없음).

▸ **x-축 FPR은 나쁜 지표이며 y-축 민감도는 좋은 지표이다.**

따라서 특정 기준(threshold, 어느 정도의 징후일 때 암이라고 예측할지, 앞의

예제의 경우 k값)을 연속적으로 변화시켜 가면서 TPR과 FPR을 측정하여 이것을 한눈에 볼 수 있게 시각화한 것이 ROC 곡선이다.

▸ ROC 곡선의 장점

① ROC 곡선은 곡선의 면적을 측정하여 다양한 기준에서의 TPR과 FPR을 복합적으로 평가할 수 있다.

② 암을 판단할 때 기준점을 결정할 수 있다.

참고 단순히 TPR+(1−FPR)이 최대가 되는 기준점을 잡아도 되지만, 실제로는 질병에 따라 어느 쪽에 더 강조(가중치)를 둘 것인지가 매우 중요할 수 있다. 예를 들어, 걸릴 확률은 매우 낮지만 치사율이 극히 높은 병은 일단 환자라고 의심할수록 좋기 때문에 FPR이 높더라도 괜찮을 수 있다. 반대로 걸릴 확률은 높지만 위험성이 매우 낮은 병은 FPR이 좀 낮은 기준을 선택하는 것이 괜찮을 것이다.

▸ ROC 곡선을 위한 R-코드

```
# R-code for 질병진단키트 예제

plot.new()
plot.window(xlim=c(0,1),ylim=c(0,1))

title(xlab="Specificity",ylab="Sensitivity")

x_axis_tick=seq(0,1,by=0.2);  y_axis_tick=seq(0,1,by=0.2)

axis(side=1,at=x_axis_tick);  axis(side=2,at=y_axis_tick)
pointlist=list()

pointlist[[1]]=c(1-1,0);        pointlist[[2]]=c(1-1,0.2)
pointlist[[3]]=c(1-1,0.4);      pointlist[[4]]=c(1-1,0.6)
pointlist[[5]]=c(1-0.8,0.6);    pointlist[[6]]=c(1-0.8,0.8)
pointlist[[7]]=c(1-0.8,1);      pointlist[[8]]=c(1-0.6,1)
pointlist[[9]]=c(1-0.4,1);      pointlist[[10]]=c(1-0.2,1)
pointlist[[11]]=c(1-0,1);

for (i in 1:11){
    points(pointlist[[i]][1],pointlist[[i]][2],pch=20,cex=2,col="red")
}
```

```
for (i in 1:10){
    lines(c(pointlist[[i]][1],pointlist[[i+1]][1]),
    c(pointlist[[i]][2],pointlist[[i+1]][2]))
}

text(pointlist[[1]][1],pointlist[[1]][2],"k<3.3",pos=4)
text(pointlist[[2]][1],pointlist[[2]][2],"3.3≤k<3.6",pos=4)
text(pointlist[[3]][1],pointlist[[3]][2],"3.6≤k<4.6",pos=4)
text(pointlist[[4]][1]+0.02,pointlist[[4]][2],"4.6≤k<4.7",pos=3)
text(pointlist[[5]][1],pointlist[[5]][2],"4.7≤k<4.9",pos=4)
text(pointlist[[6]][1],pointlist[[6]][2],"4.9≤k<5.2",pos=4)
text(pointlist[[7]][1],pointlist[[7]][2],"5.2≤k<5.3",pos=3)
text(pointlist[[8]][1],pointlist[[8]][2],"5.3≤k<6.8",pos=3)
text(pointlist[[9]][1],pointlist[[9]][2],"6.8≤k<7.7",pos=3)
text(pointlist[[10]][1],pointlist[[10]][2],"7.7≤k<8.3",pos=3)
text(pointlist[[11]][1]-0.02,pointlist[[11]][2],"8.3≤k",pos=3)

box("plot",col="gray",lty=1)
```

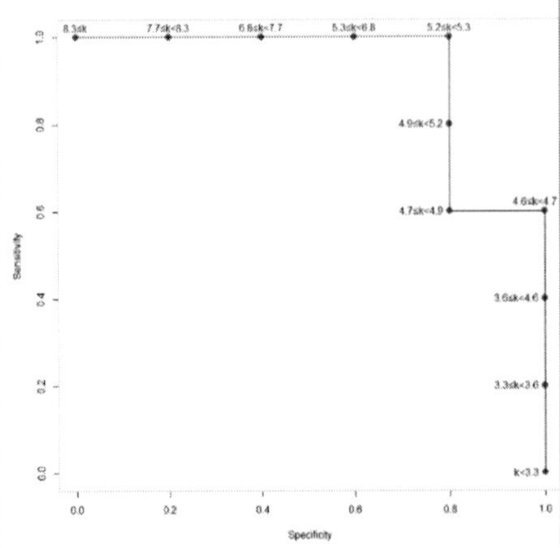

x축=특이도, y축=민감도

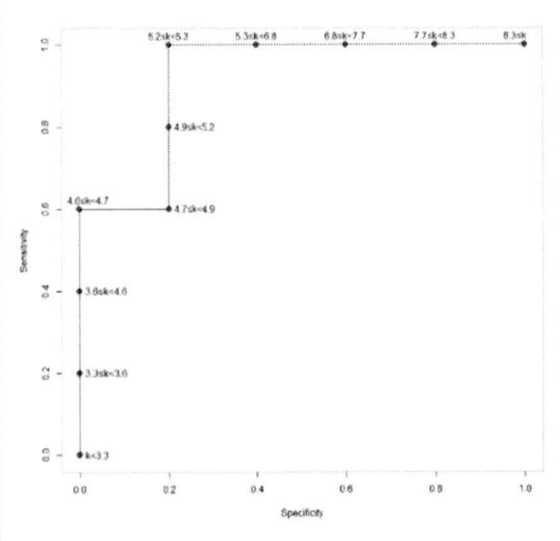

x축=1−특이도, y축=민감도

▶ ROC 곡선의 밑면적(the Area Under a ROC curve; AUC; AUROC)

ROC 곡선의 밑면적이 1에 가까울수록(즉, 왼쪽 상단 꼭짓점에 다가갈수록) 좋은 성능이다. 이때의 면적(AUC)은 0.5~1의 범위를 가진다(0.5면 성능이 전혀 없고, 1이면 최고의 성능).

▸ AUC 해석

x=0일 때 y=1이면 FPR=0이므로 특이도=1−FPR=1이고 y=TPR=1이므로 최고의 성능을 가지며, 점점 우측 아래로 내려갈수록 x값은 커지면서 y값이 줄어들기 때문에 특이도와 민감도가 동시에 작아짐을 나타낸다.

AUC=0.5라면 기울기가 1이므로 FPR의 증가 속도와 TPR의 증가 속도가 같다. 즉, 특이도가 감소하는 만큼 민감도가 증가하기 때문에 어떤 기준으로 잡아도 민감도와 특이도를 동시에 높일 수 있는 기준값이 없다는 것을 의미한다. (x,y)=(0,0) 특이도=1, 민감도=0과 (x,y)=(1,1) 특이도 0, 민감도 1을 연결하는 직선이므로 특이도와 민감도의 합은 항상 1이 된다.

AUC 값은 전체적인 민감도와 특이도의 상관관계를 보여줄 수 있어서 매우 편리한 성능 측정 기준이다.

2.4 사건의 독립

● 정의와 증명

일반적으로 많은 경우 어떤 사건의 발생은 다른 사건의 발생에 어떻게라도 영향을 주게 된다. 즉, 사건 F의 발생이 사건 E의 발생 가능성에 변화를 주게 될 경우 이를 식으로 표현하면 $P(E|F) \neq P(E)$이다. 그러나 만일 $P(E|F) = P(E)$이면 사건 F가 일어났다는 사실이 사건 E의 발생 확률에 아무런 변화를 주지 않았다는 얘기가 된다. 이때 우리는 두 사건 E와 F가 "서로 독립(independent) 또는 통계적 독립(statistically independent), 확률적 독립(stochastically independent)이다"라고 하며 두 사건 E와 F가 독립이 아닐 때 "두 사건은 종속(dependent)이다"라고 한다. 즉, 독립은 다음과 같이 정의된다.

$$P(E|F) = P(E) \quad \text{단, } P(F) > 0.$$

독립의 의미를 설명하기 위해서는 조건부확률과 비조건부확률이 같다는 정의를 이용하여 사건이 서로에게 영향을 주지 않는다는 식으로 설명한다. 그러나 실제 두 사건이 독립임을 증명할 때는 다음과 같은 등식을 이용하여 증명하는 것이 훨씬 편리하다.

$$P(EF) = P(E)P(F)$$

$$(\because\ P(E|F) = P(E) \Rightarrow \frac{P(EF)}{P(F)} = P(E) \Rightarrow P(EF) = P(E)P(F)\ )$$

즉, 독립의 의미는 정의를 이용하여 해석하고 증명은 교집합 사건의 확률이 각 사건의 확률의 곱과 같다는 사실을 보여서 증명한다.

조건부확률의 정의와 마찬가지로 독립 역시 E와 F에 대해 서로 대칭이므로 E와 F가 독립이면 F와 E도 독립이다.

● 쌍별(pairwise) 독립과 상호(mutual) 독립

세 개의 사건 E_1, E_2, E_3가 주어졌을 때 고려할 수 있는 독립은 쌍별 독립(pairwise independence)과 상호 독립(mutual independence)이 있다. 서로 다른 임의의 두 사건 E_i와 $E_j(i \neq j)$에 대해 $P(E_i \cap E_j) = P(E_i)P(E_j)$이면 사건 E_1, E_2, E_3는 쌍별 독립이라고 한다. 또한, 쌍별 독립에 추가하여 $P(E_1 \cap E_2 \cap E_3) = P(E_1)P(E_2)P(E_3)$이 성립할 때 사건 E_1, E_2, E_3는 상호 독립이라고 한다.

● 독립과 관련된 성질

독립인 사건들은 다음의 성질들을 갖는다.

▸ 만일 E와 F가 독립이면, E와 F^c도 독립이다.

증명 $P(E) = P(EF) + P(EF^c)$ $(\because E = EF \cup EF^c,\ (EF) \cap (EF^c) = \varnothing)$

$= P(E)P(F) + P(EF^c)$ $(\because$ E와 F가 독립$)$

$\Rightarrow P(EF^c) = P(E) - P(E)P(F) = P(E)[1 - P(F)] = P(E)P(F^c)$.

즉, E와 F가 독립이면, E의 발생 확률은 F의 발생 여부에 의해 변하지 않음을 알 수 있다.

▸ 만일 E, F, G가 독립이면, E는 F와 G로 구성된 어떤 사건과도 독립이다.

예시 E는 $F \cup G$와 독립이다. 즉, $P[E(F \cup G)] = P(E)P(F \cup G)$.

증명 $P[E(F \cup G)] = P(EF \cup EG)$

$$= P(EF) + P(EG) - P(EFG)$$

$$= P(E)P(F) + P(E)P(G) - P(E)P(FG)$$

$$= P(E)[P(F) + P(G) - P(FG)]$$

$$= P(E)P(F \cup G).$$

독립의 일반화

여러 사건들 $E_1, E_2, \ldots, E_n$의 독립은 다음과 같이 정의할 수 있다. 사건들 $E_1, E_2, \ldots, E_n$에서 임의로 선택한 사건들 $E_{1'}, E_{2'}, \ldots, E_{r'}$ $(r \leq n)$에 대해 다음이 성립하면 $E_1, E_2, \ldots, E_n$은 독립이라고 정의한다.

$$P(E_{1'}E_{2'} \ldots E_{r'}) = P(E_{1'})P(E_{2'}) \ldots P(E_{r'})$$

독립시행(independent trials)

두 확률실험이 독립이라는 의미는 각 실험과 관련된 사건들이 서로 독립일 때 해당 확률실험은 독립이 된다. 만일 어떤 확률실험들이 일련의 부실험(a sequence of subexperiments)으로 구성된 경우 일련의 부실험의 결과들이 다른 부실험의 결과들의 확률에 영향을 미치지 않을 때 해당 부실험들은 독립이 된다. 동일한 부실험을 시행(trial)이라고 한다면 시행이 독립이라는 의미 역시 같은 맥락에서 이해할 수 있다.

상호배반과 독립은 다른 개념임

두 사건이 동시에 일어날 수 없을 때 해당 사건들은 상호배반이라고 하며 두 사건이 서로 영향을 주지 않을 때 해당 사건은 독립이라고 정의하였다. 그렇다면 두 사건이 상호배반이면 해당 사건은 독립인가? 예제를 통해 이 문제를 해결해 보자.

예제 2.4.1

주사위를 한 번 던지는 실험에서 주사위의 눈이 1이 나올 사건 A와 주사위의 눈이 2가 나올 사건 B를 고려하자.

풀이 표본공간은 $S=\{1,2,3,4,5,6\}$이며 두 사건 A와 B는 동시에 발생할 수 없으므로 상호배반인 사건, 즉 $P(A\cap B)=0$이다. 그러나 $P(A)=1/6$, $P(B)=1/6$이므로 $P(A\cap B)\neq P(A)P(B)$이 되어 A와 B는 독립이 아님을 알 수 있다.
즉, 두 사건이 상호배반이라고 해서 두 사건이 독립이 된다고 할 수 없다.

2.5 단순베이즈분류기

기계학습의 분류 방법의 하나인 단순베이즈분류(naive Bayes classification) 모형은 문서분류(spam 또는 legitimate, sports 또는 politics 등)나 의료 진단 등에 많이 사용되는 분류기법이다. 단순베이즈분류는 베이즈 정리에 기반한 방법으로 조건부확률의 일종인 사후확률을 계산할 때 조건부 독립을 가정함으로써 계산을 단순화한 방법이다. 새로운 데이터를 분류할 때 사후확률이 큰 범주(class)로 데이터를 분류한다. 물론 조건부 독립이라는 가정이 비현실적인 측면이 있지만 계산이 간편하여 널리 이용되고 있다.

데이터 $x=(x_1,\ldots,x_d)\in R^d$가 주어질 때 이 데이터가 집단 C_j, $(j=1,\ldots,K)$에 속할 확률은 베이즈 정리를 이용하면 다음과 같이 계산된다.

$$P(C_j|x)=\frac{P(C_j)P(x|C_j)}{p(x)},\ j=1,\ldots,K.$$

베이즈분류를 수행할 때는 일반적으로 위 사후확률이 가장 큰 그룹으로 해당 개체를 분류한다. 단순베이즈분류는 위 사후확률을 계산할 때 분자의 $P(x|C_j)$를 다음과 같은 조건부 독립을 가정하여 단순하게 구한다.

$$P(x|C_j) = P(x_1|C_j) \times \cdots \times P(x_d|C_j).$$

이러한 가정을 사용하면 사후확률의 계산이 간단해지고 속성의 차원이 큰 경우에도 쉽게 적용할 수 있다.

예제 2.5.1

고양이(cat), 앵무새(parrot), 거북이(turtle) 각각 500마리씩 총 1,500마리에 대한 관측자료에 근거하여 새로운 관측값의 속성이 주어졌을 때 동물의 종류를 단순베이즈분류 방법을 사용하여 분류하는 절차를 수행한 것이다. 예측변수는 swim, wings, green color, sharp teeth로 본질적으로 범주형 자료이며 각 변수의 관측값은 True 혹은 False이다. 다음 표는 1,500개의 관측값에 대한 분류 결과이다.

Type	Swim	Wings	Green	Sharp Teeth
Cat	450/500	0	0	500/500
Parrot	50/500	500/500	400/500	0
Turtle	500/500	0	100/500	50/500

표에 의하면 cat의 경우 500마리 중 450(90%)마리가 수영을 할 수 있으며, 날개가 있거나 색깔이 green인 고양이는 한 마리도 없었으며, 500마리 고양이 모두 날카로운 이빨을 가지고 있었다. parrot의 경우에는 500마리 중 10%인 50마리만 수영을 할 수 있었고, 500마리 모두 날개가 있었으며, 색깔이 green인 parrot은 500마리 중 80%인 400마리였다. 또한 날카로운 이빨을 가진 앵무새는 한 마리도 없었다. 마지막으로 거북이의 경우 500마리 모두 수영을 할 줄 알았으며, 날개 달린 거북이는 한 마리도 없었고 색깔이 green인 거북이는 20%인 100마리였다. 또한 500마리의 거북이 중 10%에 해당하는 50마리는 날카로운 이를 가지고 있었다.

이제 다음과 같은 속성을 갖는 개체는 단순베이즈분류 방법을 사용하면 어떤 유형의 동물로 분류되는지 살펴보자.

	Swim	Wings	Green	Sharp Teeth
관측값	True	False	True	False

풀이 주어진 관측값은 Swim과 Green의 값이 True이므로 해당 값에 근거하여 각 동물로 분류될 확률을 계산하면 다음과 같다.

$$P(Cat|Swim,\ Green) = \frac{P(Swim|Cat)P(Green|Cat)}{P(Swim, Green)} = \frac{(0.9)(0)(0.333)}{P(Swim, Green)} = 0.$$

$$P(Parrot|Swim,\ Green) = \frac{P(Swim|Parrot)P(Green|Parrot)}{P(Swim, Green)}$$

$$= \frac{(0.1)(0.80)(0.333)}{P(Swim, Green)} = \frac{0.0264}{P(Swim, Green)}.$$

$$P(Turtle|Swim,\ Green) = \frac{P(Swim|Turtle)P(Green|Turtle)}{P(Swim, Green)}$$

$$= \frac{(1)(0.2)(0.333)}{P(Swim, Green)} = \frac{0.0666}{P(Swim, Green)}.$$

위 세 가지 사후확률 모두 분모의 값이 같으므로 주어진 관측값을 가진 동물은 거북이로 분류하게 된다.

2.6 파이썬 활용 예제

본 절에서는 파이썬을 이용하여 조건부확률을 계산하는 예제를 다루어 본다.

300명의 사람들을 무작위로 추출하여 야구, 농구, 배구, 그리고 축구 중에서 가장 좋아하는 운동이 무엇인지 설문조사 한 응답 결과를 분할표로 작성하고 이를 이용하여 다음 조건부확률을 계산해 보자.

예제 2.6.1

선택된 사람이 제일 좋아하는 운동이 야구라는 것을 알았다면 이 사람이 남자일 확률을 계산하라.

풀이 다음 그림은 해당 문제와 관련하여 분할표를 작성하기 위한 파이썬 코딩과 출력물인 분할표이다. 주어진 조건부확률은 P(야구 ∩ 남성)/P(야구)이므로 이를 계산하기 위해서는 분할표로부터 야구에 해당되는 주변합과 야구와 남성의 교집합에 해당되는 셀의 값을 추출해야 한다. 이에 해당되는 파이썬 코딩은 다음과 같으며 구하고자 하는 확률은 34/68=0.5임을 알 수 있다.

```
import pandas as pd
import numpy as np

#create pandas DataFrame with raw data
df = pd.DataFrame({'gender': np.repeat(np.array(['Male', 'Female']), 150),
                  'sport': np.repeat(np.array(
                      ['Baseball', 'Basketball', 'Soccer','Volleyball',
                       'Baseball', 'Basketball',  'Soccer','Volleyball']),
                   (34, 40, 18, 58, 34, 52, 44, 20))})

#produce contingency table to summarize raw data
survey_data = pd.crosstab(index=df['gender'], columns=df['sport'], margins=True)

#view contingency table
survey_data
```

sport	Baseball	Basketball	Soccer	Volleyball	All
gender					
Female	34	52	44	20	150
Male	34	40	18	58	150
All	68	92	62	78	300

그림 2.3 분할표작성을 위한 파이썬 코딩 및 출력물

```
#extract value in second row and first column
survey_data.iloc[1, 0]

# #calculate probability of being male, given that individual prefers baseball
survey_data.iloc[1, 0] / survey_data.iloc[2, 0]

0.5
```

그림 2.4 조건부확률계산을 위한 파이썬 코딩

연습문제

1 유럽의 어떤 국가에 사는 백인 후손들의 자녀들을 대상으로 눈의 색깔, 머리 색깔 및 주근깨(freckles) 등이 햇볕에 노출된 정도와 어떤 관련이 있는지 광범위한 연구가 시행되었다. 이와 관련된 아래 나무 그림을 이용하여 다음 확률을 계산하고 이를 일상용어로 설명하여라.

① P(푸른 눈 | 빨강 머리)

② P(푸른 눈이고 빨강 머리)

③ P(주근깨 | 빨강 머리이고 푸른 눈)

④ P(주근깨이고 빨강 머리이고 푸른 눈)

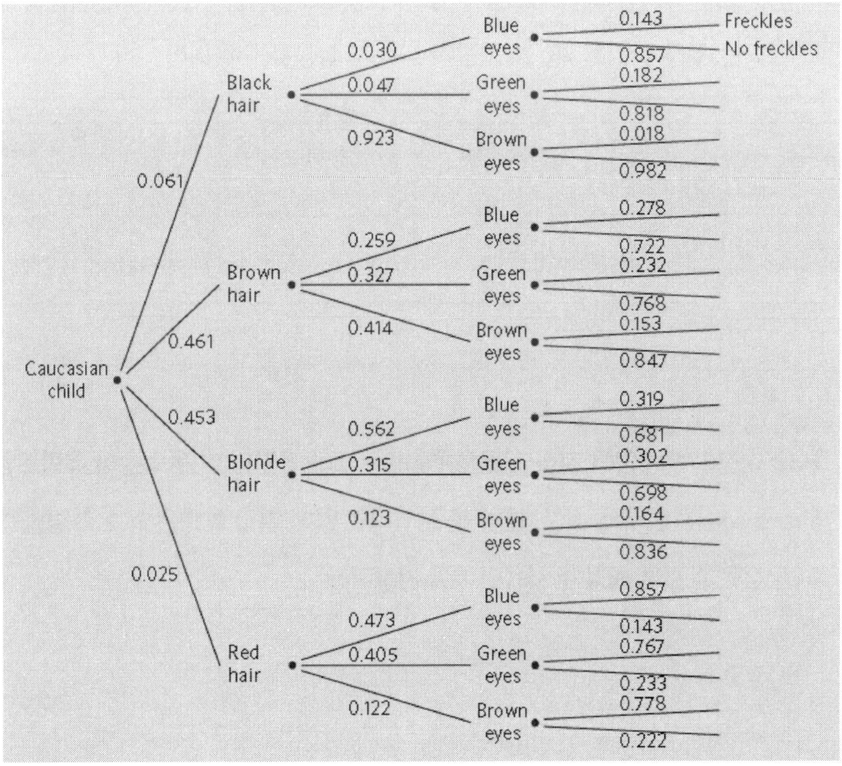

연습문제

2 스포츠카를 구매한 100명 가운데 40명은 경보시스템이 장착된 차를, 30명은 버킷시트(bucket seat)가 장착된 차를, 그리고 20명은 경보시스템과 버킷시트가 모두 장착된 차를 각각 구입했다. 만일 임의로 선택한 스포츠카 구매자가 경보시스템을 장착한 차를 구입한 사람이었다면, 이 사람이 버킷시트도 장착된 차를 구입할 확률을 구하여라.

3 다음 분할표(contingency table)를 이용하여 임의로 선택한 사람이 애완동물을 키우고 있다는 것을 알았을 때, 그 사람이 남성일 확률을 구하여라.

	애완동물을 키움(PO)	애완동물을 키우지 않음(PNO)	합
남성(M)	0.41	0.08	0.49
여성(F)	0.45	0.06	0.51
합	0.85	0.14	1.00

4 40대 여성이 유방암에 걸릴 확률은 1%이다. 그러나 만일 어떤 여성이 유방조영상(mammogram) 검사에서 양성반응을 보였다면 암에 걸릴 확률은 8.3%로 상승한다. 이 문장을 조건부 확률을 사용하여 표현하여라.

5 비가 자주오는 도시에서 비 오는 날과 우산을 챙기는 것과 관련된 확률을 평가하는 연구를 수행하였다. 연구자들은 밖으로 나가 날씨와 사람들을 관찰하였다. 이들은 비가 오는지 아닌지에 따라 사람들이 우산을 챙길 확률이 어떻게 변하는지 알고 싶었다. 관찰 결과, 다음과 같은 확률을 계산할 수 있었다. 이에 근거하여 비가 올 때 우산을 챙길 확률과 비가 오지 않을 때 우산을 챙길 확률을 비교하여라.

U: 우산을 챙김, R: 비가 내림, NR: 비가 내리지 않음.

$$P(U \cap R) = 0.20, P(U \cap NR) = 0.40, P(R) = 0.25, P(NR) = 0.75$$

6 명석이와 재열이가 카드 게임을 하고 있다. 명석이가 52장 묶음에서 한 장의 카드를 빼낸 후 다시 집어넣었다. 그런 후 명석이는 재열이에게 퀸을 뽑은 다음에 킹을 뽑을 확률을 물어보았다.

① 처음에 퀸을 뽑을 확률은 얼마인가?

② 퀸을 뽑은 다음 다시 집어넣은 다음에 뽑았는데 킹이 뽑힐 확률은 얼마인가?

③ 퀸을 뽑은 다음에 킹을 뽑을 확률은 얼마인가?

7 한 여론 조사 결과에 의하면 어떤 도시의 72% 주민들이 자신을 축구광으로 생각하고 있다고 한다. 만일 해당 지역으로부터 두 사람을 임의로 선택하였을 때 두 사람 모두 축구광일 확률을 구하여라. 또한, 첫 번째 사람은 축구광이고 두 번째 사람은 축구광이 아닐 확률을 구하여라.

연습문제

8 상자 안에 두 개의 가방이 있다. 가방 1(B_1)에는 빨강 구슬(R)이 7개 초록 구슬(G)이 3개 있으며 가방 2(B_2)에는 빨강 구슬이 2개 초록 구슬이 8개 있다. 만일 가방을 임의로 선택하고 선택된 가방에서 구슬 한 개를 임의로 선택한다고 할 때 그 구슬이 초록색일 확률을 계산하라.

9 음주는 간에서 발병하는 질환과 밀접한 관련이 있다고 알려져 있다. 사건 A를 환자가 간질환이 있으면 사건 A가 발생했다는 것을 의미하자. 어떤 병원에 자료에 의하면 병원에 내원한 환자 중 10%가 간질환이 있었다고 한다. 사건 B는 리트머스 시험 결과 환자가 알코올 중독자라는 것을 의미한다고 하자. 병원 자료에 의하면 내원 환자 중 5%가 알코올 중독자였다고 한다. 또한 간질환이 있다고 진단된 환자 중 7%가 알코올 중독자임이 밝혀졌다고 하자. 만일 내원 환자가 알코올 중독자라는 것을 알았을 때 해당 환자에게서 간질환이 발견될 확률은 얼마인가?

10 50대 이상의 성인에게서 건선(마른버짐)이 있는지 선별시험의 하나로 혈액 내 백혈구항원HLA-DR3에 대한 검정이 실시되고 있다. 203명을 대상으로 해당 검정을 실시한 결과가 다음과 같다. 이 자료에 근거하여 민감도(sensitivity), 특이도(specificity), 양성예측값(PPV), 음성예측값(NPV) 등을 계산하여라.

검정	실제	
	있음(Present)	없음(Absent)
양성(Positive)	2	18
음성(Negative)	1	182

11 문서에 포함된 주요 단어를 사용하여 문서를 comedy와 action으로 분류하고자 한다. 아래 표는 이와 관련된 다섯 개의 학습문서이다. 만일 입력된 문서의 주요 단어가 {fast, furious, fun}일 때 naive bayes 알고리즘을 사용하여 해당 문서를 분류하여라.

문서의 일련번호	주요 단어	분류
1	fast, furious, shoot	action
2	couple, fly, fast, fun, fun	comedy
3	furious, shoot, shoot, fun	action
4	fun, couple, love, love	comedy
5	fly, fast, shoot, love	action

참고문헌

- https://3months.tistory.com/318
- https://hsm-edu.tistory.com/1062?category=861918
- https://www.edureka.co/blog/naive-bayes-in-r/

3장

확률변수

3.1 정의

확률변수는 확률실험의 표본공간에서 정의되는 실수값을 갖는 함수이다. 따라서, 확률변수가 취하는 값들에는 확률실험의 결과들이 대응된다. 엄밀한 의미로 확률변수를 정의하면 다음과 같다.

● 확률변수(random variable)

실수값 함수 $X: \Omega \rightarrow R$ 이 임의의 $A \in \mathcal{B}(R)$에 대해 $X^{-1}(A) = \{\omega \in \Omega \mid X(\omega) \in A\} \in \mathcal{F}$을 만족할 때 X를 확률변수라고 한다. 즉, X가 확률변수가 되기 위해서는 임의의 보렐집합에 대한 함수 X의 역상이 표본공간에 의해 생성되는 시그마필드인 $\mathcal{F} = \sigma(\Omega)$의 원소가 되어 확률이 정의되어야 한다. 이러한 의미를 강조하기 위해 확률변수를 $\mathcal{F} = \sigma(\Omega)$ 가측함수($\mathcal{F}$-measurable function)라고도 부른다.

예제 3.1.1

$(\Omega, \mathcal{F}, P)$를 확률공간이라고 할 때 $F \in \mathcal{F}$에 대해 다음과 같이 정의되는 F의 지시함수(indicator function) χ_F (또는 I_F)가 확률변수임을 보여라.

$$\chi_F(\omega) = \begin{cases} 1 & \omega \in F \\ 0 & \omega \notin F. \end{cases}$$

풀이 $A \in \mathcal{B}(R)$이면

$$\chi_F^{-1}(A) = \{\omega \in \Omega \mid \chi_F(\omega) \in A\} = \begin{cases} \varnothing & 0 \notin A, 1 \notin A \\ F & 0 \notin A, 1 \in A \\ F^c & 0 \in A, 1 \notin A \\ \Omega & 0 \in A, 1 \in A \end{cases},$$

$\mathcal{F}$가 Ω에 의해 생성되는 시그마필드 $\sigma(\Omega)$이므로 $\Omega \in \mathcal{F}$, $\varnothing \in \mathcal{F}$이고, $F \in \mathcal{F}$이므로, $F^c \in \mathcal{F}$ 이 성립된다. 따라서 임의의 보렐집합 A에 대한 χ_F의 역상 $\chi_F^{-1}(A)$는 $\mathcal{F}$에 속하므로 χ_F가 확률변수가 된다. 만일 $F \notin \mathcal{F}$이면 지시함수 χ_F는 확률변수가 될 수 없다.

정리 1 $f: R \to R$이 보렐함수이고 X가 확률변수이면 $Y=f(X)$도 확률변수이다.

증명 임의의 보렐집합 $A \in \mathcal{B}(R)$에 대해 $Y^{-1}(A)=\{\omega \in \Omega \mid Y(\omega) \in A\} \in \mathcal{F}$임을 보이면 된다.

$$Y(\omega)=f(X(\omega))$$

$$\Rightarrow Y^{-1}(A)=\{\omega \in \Omega \mid f(X(\omega)) \in A\}$$

$$=\{\omega \in \Omega \mid X(\omega) \in f^{-1}(A)\} \quad (\because f^{-1}(A)=\{x \in R \mid f(x) \in A\})$$

f가 보렐함수이고 $A \in \mathcal{B}(R)$이므로, 보렐함수의 정의에 의해 $f^{-1}(A) \in \mathcal{B}(R)$이므로 $f^{-1}(A)$가 보렐집합이 된다. 또한, X가 확률변수이므로 X에 대한 보렐집합 $f^{-1}(A)$의 역상 $X^{-1}(f^{-1}(A))$이 $\mathcal{F}$의 원소가 된다. 즉,

$$X^{-1}(f^{-1}(A))=\{\omega \in \Omega \mid X(\omega) \in f^{-1}(A)\}$$

$$=\{\omega \in \Omega \mid f(X(\omega)) \in A\}=Y^{-1}(A) \in \mathcal{F}$$

따라서 임의의 보렐집합 $A \in \mathcal{B}(R)$에 대해 $Y^{-1}(A) \in \mathcal{F}$임으로 Y는 확률변수가 된다.

● 확률변수 X에 의해 생성되는 시그마필드

X가 확률변수일 때 임의의 보렐집합 $A \in \mathcal{B}(R)$에 대한 X의 역상(inverse image)의 사건들로 구성된 시그마필드를 확률변수 X에 의해 생성된 시그마필드(sigma-field generated by rv X)라 하고 $\mathcal{F}_X$ 또는 $\sigma(X)$로 표기한다. 즉, $\forall A \in \mathcal{B}(R)$, $\mathcal{F}_X(\text{or } \sigma(X))=\{\omega \in \Omega \mid X(\omega) \in A\}$이다.

예제 3.1.2

χ_F에 의해 생성된 시그마필드를 구하여라.

풀이

$$\mathcal{F}_{\chi_F}=\{\Omega, F, F^c, \varnothing\}.$$

정리 2 X가 확률변수, f가 보렐함수, $Y=f(X)$이면 $\mathcal{F}_Y \subset \mathcal{F}_X$이다.

증명 (참고 $A \subset B \Leftrightarrow w \in A \Rightarrow \omega \in B$)

$$\mathcal{F}_Y = \{Y^{-1}(A) : Y^{-1}(A) \in \mathcal{F},\ \forall A \in \mathcal{B}(R)\}$$

$$Y^{-1}(A) = \{\omega \in \Omega : Y(\omega) \in A\} = \{\omega \in \Omega : f(X(\omega)) \in A\}$$

$$= \{\omega \in \Omega : X(\omega) \in f^{-1}(A)\}$$

$f^{-1}(A)$가 보렐집합이고 X가 확률변수이므로 $X^{-1}(f^{-1}(A)) = \{\omega \in \Omega : X(\omega) \in f^{-1}(A)\} \in \mathcal{F}_X$이다. 즉, $\mathcal{F}_Y$의 임의의 원소 $Y^{-1}(A)$가 $\mathcal{F}_X$의 원소가 되므로 $\mathcal{F}_Y \subset \mathcal{F}_X$.이다.

예제 3.1.3

동전을 두 개 던지는 실험에서 확률변수 X가 앞면의 개수일 때 $X^{-1}(1)$을 구하여라.

풀이 표본공간이 {(HH), (HT), (TH), (TT)}이고, X({HH})= 2, X({HT})=1, X({TH})=1, X({TT})= 0이므로 $X^{-1}(1)$ ={(HT), (TH)}이다.

3.2 확률변수의 종류

● 지시확률변수

확률변수 X가 0과 1의 값만을 취할 때 지시확률변수(indicator random variable)라고 한다. 만약 $A = X^{-1}(1) = \{\omega \in \Omega : X(\omega) = 1\}$이면 $X = I_A$ 또는 χ_A로 표기한다. 또한, $I_A(\omega) = 1$이 $\omega \in A$을 지시(指示)하기 때문에 지시확률변수라고 부른다. 지시확률변수는 가장 단순한 형태의 확률변수로서 대부분의 확률변수들은 지시확률변수를 이용하여 표현할 수 있다.

문제 $1-I_A=I_{A^c}$ 임을 보여라.

단순확률변수

X는 임의의 실수 $x(\in R)$에 대해 $X^{-1}(x)=\{\omega\in\Omega : X(\omega)=x\}\equiv\{X=x\}\in\mathcal{F}$인 확률변수이다.[1)] $\{A_1,A_2,\ldots,A_k\}$가 표본공간 Ω의 분할(partition)로써 $\mathcal{F}$-가측이면(즉, 확률이 정의되면) 다음 유한 합도 확률변수가 되고 이러한 확률변수를 단순(simple)확률변수라고 한다.

$$X(\omega)=\Sigma_{i=1}^{k}x_i\cdot\chi_{A_i}(\omega) \text{ 또는 } X=\Sigma_{i=1}^{k}x_i\cdot\chi_{A_i}$$

여기서 $x_1,x_2,\ldots,x_k$의 값이 서로 다를 필요는 없다. 그러나 $x_1,x_2,\ldots,x_k$가 서로 다른 값이면 $A_i=X^{-1}(x_i)$이다.

문제 지시확률변수가 단순 확률변수임을 보여라. (힌트: $I_A=1\cdot I_A+0\cdot I_{A^c}$)

문제 만약 x가 확률변수 X의 범위 밖에 있는 값, 즉 X가 취하지 않는 값일 때 $X^{-1}(x)$에 대해 설명하라. (힌트: $X^{-1}(x)=\{\omega\in\Omega : X(\omega)=x\}=\varnothing\in\mathcal{F}$)

이산확률변수

확률변수의 치역이 실수의 가산 부분집합일 때 이산확률변수(discrete random variable)라고 한다. 즉, 이산확률변수가 취하는 값의 개수는 자연수나 자연수의 부분집합의 원소 개수와 같다.

X가 이산확률변수일 때 $x\in R$에 대해 $P(X=x)=P(\{\omega\in\Omega : X(\omega)=x\})=P(X^{-1}(x))$를 확률질량함수(probability mass function)이라고 한다. 만약 R_X가 이산 확률변수 X의 치역이면 $\Sigma_{x\in R_X}P(\{\omega\in\Omega\mid X(\omega)=x\}=\Sigma_{x\in R_X}P(X=x)=1$이다.

---

1) 확률론에서는 일반적으로 인자 ω를 생략하여 $\{X=x\}=\{\omega\in\Omega : X(\omega)=x\}=X^{-1}(x)$로 표현한다.

문제 이산확률변수 X에 대해 $x \notin R_X$이면 $P(X=x)=0$임을 보여라.

문제 이산확률변수 X에 대해 $\sum_{x \in R_X} P(\{\omega \in \Omega \mid X(\omega)=x\})=1$임을 보여라.

연속확률변수

확률변수 X의 분포함수가 연속함수일 때 X를 연속확률변수(continuous random variable)라고 한다. 즉, 임의의 실수 t에 대해 $P(\{\omega \in \Omega \mid X(\omega)=t\})=0$이 성립할 때 X는 연속확률변수가 된다. 또한 연속확률변수는 다음과 같은 점에서 이산확률변수와 반대되는 개념이다.

X가 이산확률변수이면 $P(\{\omega \in \Omega \mid X(\omega)=t\})>0$을 만족하는 t들이 적어도 하나 이상 존재한다.

절대연속확률변수

임의의 구간 I에 대해 다음을 만족하는 함수 $f: R \to [0,\infty)$가 존재할 때 확률변수 X를 절대연속확률변수(absolute continuous random variable)라 하고 함수 f를 X의 확률밀도함수(density function)라고 한다.

$$P(\{\omega \in \Omega \mid X(\omega) \in I\})=\int_I f(x)dx.$$

- 모든 절대 연속 확률변수는 연속확률변수가 되지만 역은 성립하지 않는다.
- 일반적으로 어떤 함수 $f(x)$가 다음을 만족하면 확률밀도함수라고 한다.

① $f(x) \geq 0$.

② $\int_{-\infty}^{\infty} f(x)dx=1$.

예제 3.2.1

연속확률변수의 경우 $P(X=x)=0$임을 보여라.

풀이 연속확률변수의 경우 분포함수가 연속이므로 $P(X=x) \equiv F(x)-F(x^-)=0$ 이다.

예제 3.2.2

$f(x)$가 확률밀도함수일 때 $f(b) > f(a)$의 의미와 $f(x)$의 의미를 설명하라.

풀이 평균값 정리에 의해 $P(x < X \le x+\Delta_x) \approx f(x)\Delta_x$이므로 $P(X \in (a-h, a+h)) \approx f(a)(2h)$이고 $P(X \in (b-h, b+h)) \approx f(b)(2h)$이다. 따라서 $f(b) > f(a)$는 X가 a근방의 값을 취할 확률보다 b근방의 값을 취할 확률이 더 크다는 것을 의미한다. 즉, $f(x)$는 $X=x$일 확률을 의미하는 것이 아니라 확률변수 X가 값 x를 취할 상대적인 확률을 의미한다.

예제 3.2.3

확률변수 X가 구간 $[a,b]$에서 임의로 선택된 실수값일 때 X에 대한 밀도함수 $f(x)$를 구하여라.

풀이

$$f(x)=\begin{cases} \frac{1}{b-a}, & x \in [a,b] \\ 0, & x < a \text{ or } x > b \end{cases}$$

3.3 확률분포함수

확률분포함수(probability distribution function)는 확률실험에서 특정 결과를 얻을 확률을 모형화하기 위해 사용된다. 이를 위해 확률분포는 확률변수가 취하는 모든 값에 그 값이 발생할 절대적 확률이나 상대적 확률을 연결시킨다. 또한, 특정 상황에서 어떤 결과가 발생할지 예측하기 위해서도 확률분포모형을 사용한다. 즉, 확률분포는 확률변수의 행태를 일반화시키는 안내자의 역할을 한다고 볼 수 있다.

● 확률분포함수의 유도

X가 확률변수이기 때문에 임의의 보렐집합 $(-\infty,x](x\in R)$에 대한 X의 역상(inverse image) $X^{-1}((-\infty,x])=\{\omega\in\Omega|X(\omega)\in(-\infty,x]\}$는 시그마필드 $\sigma(S)(=\mathscr{F})$의 원소가 되어 확률을 정의할 수 있다. 이때 $P(X^{-1}((-\infty,x]))=P(\{\omega\in\Omega|X(\omega)\in(-\infty,x]\})$를 확률변수 X의 확률분포함수(probability distribution function) 또는 간단히 분포함수라고 부른다. 즉,

$$P(X^{-1}((-\infty,x]))=P(\{\omega\in\Omega|X(\omega)\in(-\infty,x]\})$$
$$\equiv P(\{X\le x\})\equiv F(x).$$

여기서 분포함수와 관련된 확률변수가 X임을 강조하고자 할 경우 $P(X\le x)=F_X(x)$로 표기한다.

● 분포함수의 성질

① F는 비감소(non decreasing) 함수이다.

증명

$$\begin{aligned} x\le y \quad &\Rightarrow (-\infty,\ x]\subset(-\infty,\ y] \\ &\Rightarrow X^{-1}((-\infty,\ x])\subset X^{-1}((-\infty,\ y]) \\ &\Rightarrow P(X^{-1}((-\infty,\ x]))\le P(X^{-1}((-\infty,\ y])) \\ &\Rightarrow P(X\le x)\le P(X\le y) \quad \therefore\ F(x)\le F(y). \end{aligned}$$

② $\lim_{x\to\infty} F(x) = 1$, $\lim_{x\to-\infty} F(x) = 0$.

증명 $x \le y \quad \Rightarrow (-\infty,\ x] \subset (-\infty,\ y]$

$\Rightarrow (-\infty,\ x] \nearrow (-\infty, \infty) = R$. 즉, $\lim_{x\to\infty}(-\infty, x] = R$

$$\begin{aligned}\lim_{x\to\infty} F(x) &= \lim_{x\to\infty} P(X \le x) \\ &= \lim_{x\to\infty} P(\{\omega\in\Omega | X(\omega)\in(-\infty, x]\}) \\ &= P(\lim_{x\to\infty}\{\omega\in\Omega | X(\omega)\in(-\infty, x]\}) \ (\because \text{확률의 연속성}) \\ &= P(\{\omega\in\Omega | X(\omega)\in(-\infty, \infty)\}) \\ &= P(\{\omega\in\Omega | X(\omega)\in R\}) \\ &= P(X^{-1}(R)) = P(\Omega) = 1\end{aligned}$$

같은 방법으로

$$x \le y \Rightarrow (-\infty,\ -x] \supset (-\infty,\ -y] \ \Rightarrow (-\infty,\ -x] \searrow (-\infty, -\infty) = \varnothing$$

$$\lim_{x\to-\infty} F(x) = P(\varnothing) = 0$$

③ F는 우측 연속(right continuous)이다. 즉, $\lim_{y\searrow x} F(y) = F(x)$.

$\lim_{y\searrow x} F(y) = F(x)$는 임의의 $x\in R$에 대해 $\lim\limits_{n\to\infty} F(x+1/n) = F(x)$로 표현할 수 있다.

④ 만일 $F(x^-) = \lim_{y\nearrow x} F(y)$이면, 즉 $F(x^-) = \lim\limits_{n\to\infty} F(x-1/n)$이면 다음이 성립한다.

$$F(x^-) = P(\{X < x\}) \text{이고 } P(X = x) = F(x) - F(x^-).$$

정리 함수 F가 성질 ①–③을 만족하면 F는 어떤 확률변수의 분포함수이다.

3.4 확률변수의 기댓값

확률변수의 기댓값(expectation 또는 expected value)은 확률변수의 특징, 즉 분포의 특성을 알기 위해 계산한다. 기본적으로 우리가 다루는 대부분의 모수는 기댓값을 사용하여 표현되므로 기댓값을 구한다는 것은 분포의 특징인 모수를 계산하는 것이라고 할 수 있다.

● 정의

확률변수의 기댓값은 확률변수가 이산형인지 또는 연속형인지에 따라 다음과 같이 정의된다.

- 확률변수 X가 치역이 S_x, 확률질량함수(pmf)가 $P(X=x)=p(x)$이고 $\Sigma_x |x| p(x) < \infty$(급수의 수렴조건)을 만족하는 이산확률변수일 때 확률변수 X의 기댓값은 $E(X) \equiv \Sigma_{x \in R} x P(X=x) = \Sigma_{x_i \in S_X} x_i p(x_i)$이다.
- 확률변수 X가 확률밀도함수가 $f(x)$이고 $\int_{-\infty}^{\infty} |x| f(x) dx < \infty$(적분가능)을 만족하는 연속확률변수일 때 X의 기댓값은 $E(X) = \int_{-\infty}^{\infty} x f(x) dx$이다.

● 단순확률변수의 기댓값

확률변수 X가 $X=\Sigma_{i=1}^{k} x_i \chi_{A_i}$로 표현되는 단순 확률변수일 때, 즉 $X(\omega)=\Sigma_{i=1}^{k} x_i \chi_{A_i}(\omega)$일 때 X의 기댓값은 $E(X)=\Sigma_{i=1}^{k} x_i P(A_i)$이다.

증명 X의 치역이 $S_X=\{x_1, \cdots, x_k\}$이므로

$$E(X)=\Sigma_{i=1}^{k} x_i P(X=x_i) = \Sigma_{i=1}^{k} x_i P(\{\omega \in \Omega | X(\omega)=x_i\}$$

$$= \Sigma_{i=1}^{k} x_i P(X^{-1}(x_i))$$

$$= \Sigma_{i=1}^{k} x_i P(A_i).$$

● 확률변수의 함수의 기댓값

이산확률변수 X와 확률질량함수 $p(x)$가 주어졌을 때, X의 함수로 표현된 확률변수 $g(X)$의 기댓값을 구하는 방법을 살펴보고 이를 연속형 확률변수로 일반화시켜보자.

방법 1 $g(X)$가 이산확률변수이므로 X의 확률질량함수로부터 $g(X)$의 확률질량함수를 구한 후 기댓값의 정의에 의해 $E[g(X)]$를 계산한다.

예제 3.4.1

X가 $p(-1)=0.2$, $p(0)=0.5$, $p(1)=0.3$인 이산형 확률변수일 때 $E(X^2)$을 구하여라.

풀이 $P(X^2=1)=P(X=-1)+P(X=1)=0.5,\quad P(X^2=0)=P(X=0)=0.5$

$$\Rightarrow E(X^2) \sum_{k\in S_{X^2}} kP(X^2=k)=1\cdot P(X^2=1)+0\cdot P(X^2=0)$$
$$=1(0.5)+0(0.5)=0.5.$$

방법 2 $X=x$이면 $g(X)=g(x)$이므로 $E[g(X)]$는 다음 정리와 같이 $P(X=x)$를 가중치로 갖는 $g(X)$값들의 가중평균이 된다.

정리 확률변수 X가 치역이 S_X이고 $x_i(\in S_X)$에 대한 확률이 $p(x_i)$인 이산확률변수이면, 실수값 함수 g에 대한 확률변수 $Y=g(X)$의 기댓값은 $E(g(X))=\Sigma_{x_i\in S_X} g(x_i)p(x_i)$이다.

증명 $\Sigma_{x_i\in S_X} g(x_i)p(x_i)=\Sigma_{y_j}\left(\Sigma_{\{x_i\in S_X : g(x_i)=y_j\}} g(x_i)p(x_i)\right)$

$$=\Sigma_j y_j\left(\Sigma_{\{x_i\in S_X : g(x_i)=y_j\}} p(x_i)\right)$$
$$=\Sigma_j y_j P(g(X)=y_j)=E[g(X)].$$

만일 X가 확률밀도함수가 $f(x)$인 연속확률변수이면 $g(X)$의 기댓값은 $E(g(X))=\int_{-\infty}^{\infty} g(x)f(x)dx$이다.

예제 3.4.2

이산확률변수 X가 치역이 $S_X=\{x_1,x_2,x_3,x_4,x_5\}$이고 실수값 함수 g에 대해 $g(x_1)=g(x_3)=g(x_5)\equiv y_1$, $g(x_2)=g(x_4)\equiv y_2$의 값을 가질 때 $E[g(X)]$를 구하여라.

풀이

$$\begin{aligned}\Sigma_i g(x_i)p(x_i) &= \{g(x_1)p(x_1)+g(x_3)p(x_3)+g(x_5)p(x_5)\}+\{g(x_2)p(x_2)+g(x_4)p(x_4)\}\\ &=\{y_1p(x_1)+y_1p(x_3)+y_1p(x_5)\}+\{y_2p(x_2)+y_2p(x_4)\}\\ &=y_1\{p(x_1)+p(x_3)+p(x_5)\}+y_2\{p(x_2)+p(x_4)\}\\ &=y_1P\{g(X)=y_1\}+y_2P\{g(X)=y_2\}=E[g(X)].\end{aligned}$$

예제 3.4.3

[방법 1]의 예제를 위 정리를 적용하여 구한 후 그 결과를 비교하여라.

풀이

$$E(X^2)=(-1)^2(0.2)+0^2(0.5)+1^2(0.3)=0.5.$$

따름정리 만일 a와 b가 상수이면, $E(a+bX)=a+bE(X)$이다.

증명

$$\begin{aligned}E(a+bX) &= \Sigma_{x\in S_X}(a+bx)p(x)\\ &=a\Sigma_{x\in S_X}p(x)+b\,\Sigma_{x\in S_X}x\,p(x)\\ &=a\cdot 1+b\cdot E(X)=a+bE(X).\end{aligned}$$

3.5 적률과 적률생성함수

● 적률

통계학의 주요 문제는 자료가 주어졌을 때 해당 자료가 생성된 모집단의 확률분포를 찾아내는 것이다. 이 문제는 일반적으로 쉬운 문제가 아니지만, 합리적인 가정을 통해 해당 분포를 간단히 식별해 주는 무언가를 찾는 것으로 볼 수 있다. 이를 위해 0에서 모든 차수의 미분계수가 주어진다면 해당 확률분포에 대한 모든 것을 테일러 급수를 이용하여 알게 된다는 미적분의 기본적인 사실을 적용해 볼 수 있다.

이는 만약 $M(t)=E(e^{tX})$가 0 주변에서 존재하고 연속이면, 이 함수는 확률변수 X의 확률분포를 고유하게 식별한다는 정리에 해당한다. 기댓값 연산자의 내부에 있는 e^{tX}에 테일러 전개를 시행하면 확률변수 X의 적률을 이용한 멱급수가 되어 해당 확률분포를 식별하게 된다. 결국 확률변수의 확률분포를 식별하는 문제를 해당 확률변수의 적률을 식별하는 문제로 환원하게 된다. 즉, 확률분포의 특성을 적률을 사용하여 설명할 수 있게 되는 것이다.

적률(moment)은 다음과 같이 정의한다.

$$X\text{의 } n\text{차 적률: } E(X^n)=\begin{cases}\sum_{x:p(x)>0} x^n p(x), & \text{이산형분포} \\ \int x^n f(x)dx, & \text{연속형분포}\end{cases}$$

통계학에서는 다양한 분포 혹은 자료들을 비교하기 위해 처음 4개의 적률인 1차부터 4차까지의 적률을 사용하여 분포 혹은 자료들의 특징을 기술한다.

① 1차 적률 $E(X)$는 X의 평균(mean)으로 분포의 중심 위치를 나타낸다.

② 2차 적률 $E(X^2)$은 평균으로부터의 흩어진 정도를 기술할 때 사용된다. 특히 평균이 0일 때 이차 적률은 분산이 되며 분포의 변동(variation) 혹은 흩어짐(spread)의 정도를 나타낸다.

만약 확률변수 X, Y, Z가 $P(X=0)=1$, $P(Y=-1)=P(Y=1)=1/2$, $P(Z=-100)=P(Z=100)=1/2$이면 $E(X)=E(Y)=E(Z)=0$으로 같은 값을 갖는다. 그러나 흩어진 정도는 Z가 가장 넓게 퍼져있고 다음으로 Y, 그리고 X는 오직 한 값만 가짐을 알 수 있다.

분포의 흩어진 정도를 설명할 때는 반드시 기준이 존재하며 일반적으로 평균을 중심으로 얼마나 흩어져 있는지를 측정한다. 즉 확률변수 X의 편차인 $X-E(X)$를 사용하여 평균으로부터 떨어져 있는 정도를 설명한다. 그러나 확률변수가 취하는

모든 값에 대해 편차를 구한 후 기댓값을 계산하면 항상 0이 되기 때문에 편차의 기댓값은 의미가 없다. 또한 편차의 절댓값의 평균인 $E(|X-E(X)|)$는 수학적 불편함으로 인해 기피되고 있다. 이러한 문제점을 해결하기 위해 편차 제곱의 기댓값인 $E(|X-E(X)|^2)=E[(X-E(X))^2]$을 사용하여 분포의 흩어진 정도를 표현하며 이를 분산(variance)이라고 부르고 다음과 같이 표기한다.

정의 $Var(X)=E[(X-E(X))^2]=E[(X-\mu)^2]\equiv\sigma_X^2.$

실제로 분산을 계산하기 위해서는 $Var(X)=E(X-\mu)^2=E(X^2)-\mu^2$을 이용한다.

$$\because\ E(X-\mu)^2=E(X^2-2\mu X+\mu^2)=E(X^2)-2\mu E(X)+E(\mu^2)$$
$$=E(X^2)-2\mu^2+\mu^2=E(X^2)-\mu^2.$$

분산은 평균으로부터의 흩어진 정도를 나타내기 때문에 위치변동에는 영향을 받지 않고 오직 척도의 변환에만 영향을 받는다. 즉, 다음 식이 성립한다.

$$Var(aX+b)=a^2\,Var(X)$$
$$\because\ Var(aX+b)=E[(aX+b)-(a\mu+b)]^2=E(aX-a\mu)^2=E[a^2(X-\mu)^2]$$
$$=a^2E(X-\mu)^2=a^2\,Var(X).$$

자료나 분포의 흩어진 정도를 주어진 자료의 측정 단위와 같은 단위로 표현하기 위해서는 분산의 제곱근을 사용한다. 이를 표준편차(standard deviation)라 부르고 다음과 같이 표기한다.

$$SD(X)=\sqrt{Var(X)}\ \text{또는}\ \sigma_X=\sqrt{\sigma_X^2}$$

③ 3차 적률은 분포가 평균으로부터 얼마나 비대칭인지를 표현하는 측도로 다음과 같이 정의하며 왜도(skewness)라고 부른다.

$$E\left(\frac{X-\mu}{\sigma}\right)^3=\frac{E(X-\mu)^3}{\sigma^3}.$$

모든 분포는 왜도의 부호의 값에 따라 세 종류로 구분할 수 있다. 만일 분포가 평균을 중심으로 양쪽이 대칭이면 왜도는 0이 된다. 만일 분포의 오른쪽 꼬리 부분이 더 길게 뻗어있으면 왜도는 양의 값을 갖는다. 이 분포는 평균보다 큰 값들이 극단적인 값들로 존재한다. 이러한 분포를 우측으로 길게 뻗은(right-skewed, right-tailed, skewed to the right) 분포라 부르기도 한다. 이와 반대로 왼쪽 꼬리 부분이 더 긴 분포는 음의 왜도 값을 갖는다. 이 경우에는 평균보다 적은 값들이 극단적인 값들이 된다. 이렇게 음의 왜도를 갖는 분포를 왼쪽으로 길게 뻗은(left-skewed, left-tailed, skewed to the left) 분포라 부르기도 한다.

일반적으로 봉우리(peak)가 하나인 분포의 경우 왜도는 평균, 중앙값, 최빈값의 관계에 다음과 같이 영향을 준다.

1) 왜도가 0인 대칭된 분포: 평균 = 중앙값 = 최빈값
2) 왜도가 양의 값인 추측으로 길게 뻗은 분포: 최빈값 〈 중앙값 〈 평균
3) 왜도가 음의 값인 좌측으로 길게 뻗은 분포: 평균 〈 중앙값 〈 최빈값

위의 관계가 모든 분포에 다 적용되는 것은 아니므로 반드시 이 세 측도를 계산한 후 비교해야 한다.

④ 4차 적률은 분포의 꼬리 부분의 두터운 정도, 즉 이상값들이 얼마나 많은지를 측정하는 측도에 사용되며 다음과 같이 정의한다.

$$E\left(\frac{X-\mu}{\sigma}\right)^4-3=\frac{E(X-\mu)^4}{\sigma^4}-3$$

여기서 3은 표준 정규확률변수의 4차 적률값이다. 따라서 꼬리 부분의 두터운 정도나 이상값 출현 정도의 비교 대상을 표준 정규확률변수의 분포로 삼은 것을 알 수 있다. 참고로 기존에는 이 4차 적률의 값을 분포의 중심 부분의 뾰쪽한 정도를 나타내는 의미로 첨도(kurtosis)라고 사용하였으나 (한국통계학회 용어집에도 여전히 이를 반영하지 않고 있음) 이는 잘못된 해석임이 많은 반례들을 통해 입증되었다. 다시 한번 4차 적률이 꼬리 부분의 두터운 정도를 나타내는 미후도(尾厚度, the thickness of the tail part)임을 기억하자.

● **적률생성함수**

정의 확률변수 X가 어떤 $h>0$에 대해 $-h<t<h$일 때 e^{tX}의 기댓값이 존재하면, 확률변수 X의 적률생성함수(moment generating function, mgf)는 $-h<t<h$에 대해 다음과 같이 정의한다.

$$M_X(t) \equiv E[e^{tX}] = \begin{cases} \sum_x e^{tx} p(x) & \text{이산확률변수} \\ \int_{-\infty}^{\infty} e^{tx} f(x)dx & \text{연속확률변수.} \end{cases}$$

주위 여기서 $M_X(t)$는 매개변수 t의 함수로서 0을 포함한 개구간(open interval)에서 존재한다. 그러나 모든 분포가 mgf를 갖는 것은 아니다.

예제 3.5.1

원 모양의 회전판을 같은 면적으로 세 등분한 후 각 부분에 연필과 실, 그리고 만원지폐를 각각 그려 넣었다. 아이의 돌잔치에서 부모는 아이가 만원지폐를 잡을 때까지 회전판을 돌린다고 한다. 확률변수 X는 부모가 회전판을 돌린 횟수이며 회전판의 회전은 이전과 이후의 회전에 영향을 주지 않는다고 하자. 확률변수 X의 확률분포(질량함수)와 적률생성함수를 구하여라.

풀이 X의 pmf: $p(x)=(1/3)(2/3)^{x-1}$, $x=1,2,\ldots$

X의 mgf $M_X(t)=E(e^{tX})=\sum_{x=1}^{\infty} e^{tx}(1/3)(2/3)^{x-1}$

$$= \frac{1}{3}\sum_{x=1}^{\infty}(2e^t/3)^{x-1} = \frac{1}{3}e^t\left(1-\frac{2}{3}e^t\right)^{-1}.$$

단, $0<\frac{2}{3}e^t<1 \Rightarrow t<\log(3/2)$.

두 확률변수 X와 Y의 mgf가 존재하고 두 분포가 같으면, 임의의 z에 대해 $F_X(z)=F_Y(z)$이고 0 근방에서 $M_X(t)=M_Y(t)$이다. 이것의 역 또한 참이다. 즉, mgf는 분포를 유일하게 결정한다. 이를 정리로 표현하면 다음과 같다.

정리 X와 Y가 0을 포함한 개구간에서 적률생성함수 $M_X(t)$와 $M_Y(t)$를 각각 갖는 확률변수라고 하자. $h>0$인 임의의 $t\in(-h,h)$에 대해 $M_X(t)=M_Y(t)$는 임의의 $z\in R$에 대해 $F_X(z)=F_Y(z)$일 필요충분조건이다.

적률생성함수를 사용하여 적률을 구할 수 있는 이론적 근거를 살펴보자. 우선 적률생성함수의 정의에서 기댓값 안의 $\exp(tX)$를 0에서 테일러급수로 표현하여 계산한 식과 적률생성함수 자체를 0에서 테일러급수로 표현한 두 식이 같기 때문에 k차 적률이 적률생성함수의 k차 도함수의 0에서의 값과 같게 된다. 즉, 이를 식으로 표현하면 다음과 같다.

$$M(t)=E[e^{tX}]=E\left[\Sigma_{k=0}^{\infty}\frac{(tX)^k}{k!}\right]=E\left[\Sigma_{k=0}^{\infty}X^k\frac{t^k}{k!}\right]$$

$$=\Sigma_{k=0}^{\infty}E(X^k)\frac{t^k}{k!}\quad\left(\because\ e^x=\Sigma_{k=0}^{\infty}\frac{x^k}{k!}\right)$$

$$M(t)=\Sigma_{k=0}^{\infty}\frac{M^{(k)}(0)\,t^k}{k!}\qquad\left(\because\ f(x)=\Sigma_{k=0}^{\infty}f^{(k)}(a)\frac{(x-a)^k}{k!}\right)$$

$$\therefore\ E(X^k)=M^{(k)}(0)=\left.\frac{d^kM(t)}{dt^k}\right|_{t=0}=\text{확률변수 } X \text{ 또는 확률분포의 } k\text{차 적률.}$$

예제 3.5.2

이산형확률변수 X의 적률생성함수가 다음과 같을 때 확률분포를 구하여라.

$$M(t)=\frac{1}{10}e^t+\frac{2}{10}e^{2t}+\frac{3}{10}e^{3t}+\frac{4}{10}e^{4t}.$$

풀이 X가 이산형확률변수이므로 X의 받침(Support)을 $\{a_1,a_2,\ldots\}$이라고 하자. 여기서 받침이란 $p(x)>0$을 만족하는 x들의 집합을 지칭한다.

$$M(t)=E(e^{tX})=\Sigma_x e^{tx}p(x)=e^{a_1t}p(a_1)+e^{a_2t}p(a_2)+\cdots$$

$$=\frac{1}{10}e^t+\frac{2}{10}e^{2t}+\frac{3}{10}e^{3t}+\frac{4}{10}e^{4t}$$

위 마지막 등식은 임의의 t에 대해 성립하는 항등식이므로 다음이 성립한다.

$$a_1 = 1,\ p(a_1) = 1/10,\ a_2 = 2,\ p(a_2) = 2/10,$$
$$a_3 = 3,\ p(a_3) = 3/10,\ a_4 = 4,\ p(a_4) = 4/10.$$
$$\therefore\ X\text{의 pmf: } p(x) = \begin{cases} x/10 & x = 1,2,3,4 \\ 0 & \text{그외} \end{cases}.$$

예제 3.5.3

연속 확률변수 X의 mgf가 $M(t) = \dfrac{1}{1-t}$, $(t < 1)$일 때 X의 분포를 구하여라.

풀이 $\dfrac{1}{1-t} = \displaystyle\int_{-\infty}^{\infty} e^{tx} f(x)dx$, $t < 1$를 만족하는 $f(x)$를 구해야 한다. 만일 어떤 확률변수의 확률밀도함수가 $f(x) = e^{-x} I_{(0,\infty)}(x)$이면 $M(t) = (1-t)^{-1}$, $(t < 1)$이기 때문에 mgf의 유일성에 의해 확률변수 X의 pdf는 $f(x) = e^{-x} I_{(0,\infty)}(x)$이 된다.

3.6 파이썬을 활용한 예제

이번 절에서는 파이썬을 활용하여 확률변수를 정의하는 절차를 살펴본다.

주사위를 다섯 번 던지는 실험에서 나온 숫자의 합을 확률변수일 때 표본공간, 각 결과의 확률 그리고 확률변수의 확률을 파이썬 코딩을 이용하여 구해보자.

1) 주사위를 5회 던질 때 표본공간과 각 결과들의 확률을 구하는 파이썬 코드를 작성하라.

```
from itertools import product
import pandas as pd
import numpy as np

die = np.arange(1, 7, 1)

five_rolls = list(product(die, repeat=5))  # All possible results of 5 rolls

five_rolls_probs = (1/6**5)**np.ones(6**5)  # Each result has chance 1/(6^5)

five_rolls_space = Table().with_columns(
    'omega', five_rolls,
    'P(omega)', five_rolls_probs
)

five_rolls_space
```

omega	P(omega)
[1 1 1 1 1]	0.000128601
[1 1 1 1 2]	0.000128601
[1 1 1 1 3]	0.000128601
[1 1 1 1 4]	0.000128601
[1 1 1 1 5]	0.000128601
[1 1 1 1 6]	0.000128601
[1 1 1 2 1]	0.000128601
[1 1 1 2 2]	0.000128601
[1 1 1 2 3]	0.000128601
[1 1 1 2 4]	0.000128601

... (7766 rows omitted)

위 코딩에서 순서쌍을 만들기 위한 함수인 product를 모듈 itertools로부터 불러들인다.

다음은 product가 어떻게 사용되는지를 보여주는 코드이다.

```
one_toss = make_array('H', 'T')
two_tosses = list(product(one_toss, repeat=2))
two_tosses

[('H', 'H'), ('H', 'T'), ('T', 'H'), ('T', 'T')]
```

함수 product를 사용하기 위해서는 기본 공간과 반복 횟수를 규정한 후 해당 결과를 list로 묶어주어야 한다.

2) 각 결과들의 합을 확률변수 X로 할 때 표본공간의 각 원소에 대응되는 확률변수의 값과 해당 확률을 파이썬 코드를 작성하고, 표본공간의 마지막 원소인 7766번째 결과에 대한 X의 값과 해당 확률을 구하는 파이썬 코드를 작성하라.

```
five_rolls_sum = five_rolls_space.with_columns(
    'X(omega)', five_rolls_space.apply(sum, 'omega')
).move_to_end('P(omega)')

five_rolls_sum
```

omega	X(omega)	P(omega)
[1 1 1 1 1]	5	0.000128601
[1 1 1 1 2]	6	0.000128601
[1 1 1 1 3]	7	0.000128601
[1 1 1 1 4]	8	0.000128601
[1 1 1 1 5]	9	0.000128601
[1 1 1 1 6]	10	0.000128601
[1 1 1 2 1]	6	0.000128601
[1 1 1 2 2]	7	0.000128601
[1 1 1 2 3]	8	0.000128601
[1 1 1 2 4]	9	0.000128601

... (7766 rows omitted)

```
five_rolls_sum.take(7775)
```

omega	X(omega)	P(omega)
[6 6 6 6 6]	30	0.000128601

연습문제

1 동전을 다섯 번 던졌을 때 앞면이 나온 횟수에 관심이 있다. 다음 질문에 답하여라.

① 해당 실험의 표본공간 S를 구하여라.

② S의 원소의 개수를 구하여라.

③ 관측된 앞면의 개수를 X라고 할 때 X의 가능한 값, 즉 X의 범위 R_X를 구하여라.

2 다음 각 확률변수가 이산형(D)인지 연속형(C)인지 구분하여라.

① 특정일 어떤 가게에서 팔린 아이스크림의 수량(D)

② 주말에 S 백화점을 이용하는 고객의 수(D)

③ 어떤 마라톤 선수의 경주시간(C)

④ S 은행의 주택 담보 대출 금리(C)

⑤ 어떤 식물의 키(C)

3 연속이지만 절대연속이 아닌 확률변수. 수학에서 연속이지만 절대연속이 아닌 함수로는 Cantor 함수가 있다. 이 함수는 모든 점에서 연속이지만 거의 모든 점에서(almost everywhere: 확률론적인 의미로는 확률이 0이 아닌 모든 점에서의 의미로 이해하면 된다) 미분계수가 0이며 인자가 0에서 1로 증가함에 따라 함수값 역시 0에서 1로 단조 증가하는 함수이다. 따라서 Cantor 함수는 확률론에서 분포함수 조건을 만족한다. 분포함수가 연속이기 때문에 Cantor 함수는 어떤 연속인 확률변수의 분포함수가 된다. 그러나 거의 모든 점에서 이 함수의 미분값 중에서 0이 아닌 값이 존재하지 않기 때문에 절대연속이라고 할 수 없다. 다음 R 명령어를 통해 Cantor 분포함수를 이용하여 연속인 확률변수와 절대 연속인 확률변수의 차이를 알아보자.

연습문제

```
cantor=function(x,n){
  if (n==0){
    return(x)
  }else{
    if(0 <= x & x <= 1/3){
      return(1/2*cantor(3*x,n-1))
    }else if(1/3 < x & x < 2/3){
      return(1/2)
    }else{
      return(1/2+1/2*cantor(3*x-2,n-1))
    }
  }
}

x=seq(0,1,0.01)
y=sapply(x,cantor, n=3)
plot(x,y,type="l",main="Cantor CDF")
```

4 여러분이 10억의 유산을 받아 노후를 위해 투자한다고 가정해 보자. 물론 투자에는 위험이 존재하기 때문에 다양한 투자 선택과 이에 상응한 수익을 가정해 볼 수 있다. 만약 다음과 같은 두 종류의 펀드 옵션이 있고 각 펀드의 수익금에 근거하여 투자를 한다면 어떤 펀드에 투자를 할 수 있겠는가?

펀드 A		펀드 B	
연수익(만 원)	확률	연수익(만 원)	확률
−2,000	0.1	−2,000	0.45
−1,000	0.3	0	0.2
1,000	0.4	3,000	0.25
5,000	0.2	10,000	0.1

5 X가 주사위를 던졌을 때 나온 숫자라고 할 때 X의 1차 적률과 2차 적률을 구한 후 이를 이용하여 표준편차를 계산하여라.

6 한국 기상청에서 2021년 9월 8일 발간한 기후분석정보에 의하면 대한민국의 2021년 8월의 전국 평균 기온이 24.8℃였다고 한다. 이를 화씨로 변경하여라.

7 이산확률변수 X의 mgf가 다음과 같을 때 확률변수 X의 pmf와 기댓값을 구하여라.

$$m_X(t) = \frac{1}{7}e^{2t} + \frac{3}{7}e^{3t} + \frac{2}{7}e^{5t} + \frac{1}{7}e^{8t}$$

8 확률변수 X의 mgf가 다음과 같을 때 1차 적률과 2차 적률을 구하여라.

$$m_X(t) = (1-2t)^{-1/2},\ t < 1/2$$

4장

이산확률분포

이 장에서는 확률변수의 값이 유한이거나 가산 무한개인 확률변수들에 대해 살펴본다.

4.1 이산확률변수

확률변수의 치역이 가산부분집합일 때, 즉 확률변수가 취할 수 있는 가능한 값들이 기껏해야 가산무한개일 때, 해당 확률변수를 이산확률변수(discrete random variable)라고 한다.

이산확률변수 X의 확률질량함수(probability mass function, pmf)는 다음과 같이 정의한다.

$$p(x) \equiv P(X=x) = P(\{\omega \in \Omega \mid X(\omega) = x\}) = P\left(X^{-1}(x)\right)$$

- 확률질량함수 $p(x)$는 기껏해야 가산 무한개의 x값에 대해 양(positive)의 값을 가지며 이 값들의 모임, 즉 $S_X = \{x_1, x_2, \dots \mid p(x_i) > 0\}$를 확률변수 X의 받침(support)이라고 한다.
- 확률질량함수는 다음 성질을 만족한다.
  ① $x \in S_X$이면 $p(x) > 0$.
  ② $x \notin S_X$이면 $p(x) = 0$.
  ③ $\sum_{x \in S_X} p(x) = 1$ $(\because 1 = \Sigma_{x \in R} p(x) = \Sigma_{x \in R \cap S_X} p(x) + \Sigma_{x \in R \cap S_X^c} p(x) = \Sigma_{x \in S_X} p(x))$
- 확률질량함수의 그래프는 점$(x_i,\ p(x_i))$을 그래프 형태로 나타낸 것이다.

문제 X의 pmf가 $p(0) = 1/4$, $p(1) = 1/2$, $p(2) = 1/2$일 때 확률질량함수의 그래프를 구하여라.

문제 확률변수 X의 확률질량함수가 $p(k) = c\lambda^k/k!$, $k = 0,1,2,\dots$ $(\lambda > 0)$일 때 다음을 구하여라.

① $P(X=0)$

② $P(X>2)$

4.2 기댓값

기댓값(expectation 또는 expected value)은 확률론에서 가장 중요한 개념 중의 하나로 확률질량함수가 $p(x)$인 이산확률변수 X의 기댓값은 다음과 같이 정의한다.

$$E(X) = \sum_{x \in R} x \cdot p(x) = \sum_{x \in S_X} x \cdot p(x)$$

즉, X의 기댓값은 X가 취하는 각 값에 해당 값의 확률을 가중하여 계산한 가중평균(weighted average)이다.

예제 4.2.1

① 확률변수 X의 확률이 $p(0)=1/2=p(1)$이면, $E(X)=0(1/2)+1(1/2)=1/2$으로 X가 취할 수 있는 가능한 두 값 0과 1의 통상적인 평균이다.

② 확률변수 X의 확률이 $p(0)=1/3$, $p(1)=2/3$이면, $E(X)=0(1/3)+1(2/3)=2/3$으로, 즉 가능한 두 값 0과 1의 가중평균이다.

③ 다음과 같이 정의되는 사건 A에 대한 지시확률변수(indicator RV for the event A)의 기댓값이 $P(A)$임을 보여라.

$$I=\begin{cases}1, A\text{가 발생}\\0, A^c\text{가 발생}\end{cases}$$

풀이 $p(1)=P(I=1)=P(A)$, $p(0)=P(I=0)=1-P(I=1)=1-p(A)$,

$E(I)=0\times p(0)+1\times p(1)=P(A)$.

4.3 베르누이 확률변수와 이항확률변수

베르누이 확률변수

실험의 가능한 결과가 상호 배반인 두 가지 결과만 있는 실험을 베르누이(Bernoulli)[2] 시행이라고 하며 일반적으로 관심 있는 결과를 성공 그렇지 않은 결과를 실패라고 부른다. 따라서 베르누이 시행 결과에 따른 표본공간, 확률변수, 확률분포 및 특성은 다음과 같다.

- 표본공간: $S=\{$성공(S), 실패(F)$\}$
- 확률변수: $X(S)=1$, $X(F)=0$ 즉, $X=1 \Leftrightarrow$ 성공, $X=0 \Leftrightarrow$ 실패
- 확률질량함수: $p(1)=P(X=1)=p, \quad p(0)=P(X=0)=1-p$
- 기댓값: $\mu=E(X)=\sum x\,p(x)=0\times p(0)+1\times p(1)=p$
- 분산: $\sigma^2=Var(X)=E(X^2)-\mu^2=[0^2p(0)+1^2p(1)]-p^2=p(1-p)$
- 적률생성함수: $M_X(t)=E(e^{tX})=\sum_{x\in R}e^{tx}P(X=x)$

$$=\sum_{x\in S_X}e^{tx}P(X=x)+\sum_{x\notin S_X}e^{tx}P(X=x)$$

$$=e^{t\cdot 0}p(0)+e^{t\cdot 1}p(1)=pe^t+(1-p).$$

이항확률변수

성공과 실패의 확률이 매 시행마다 고정되어 있는 베르누이 시행을 고정된 횟수만큼 반복하며 각 실험의 결과가 다른 실험의 결과에 영향을 미치지 않는, 즉 독립된 실험을 이항(Binomial)확률실험이라고 한다. 즉, 이항확률실험은 다음의 특징을 갖는다.

- 시행횟수가 미리 고정된 동일한 시행이다.
- 각 시행은 성공(S), 실패(F)의 두 결과만을 갖는다.

---

2) Jacob Bernoulli(1655~1705): 스위스의 수학자. 도박에서 경우의 수와 확률을 연결시킨 추측술(Ars conjectandi, 1713)이 사후에 발표되었다.

- 각 시행에서 성공할 확률은 $P(S)=p$, 실패할 확률은 $P(F)=q=1-p$로 그 값이 일정하다.
- 각 시행은 서로 독립으로 각 시행의 결과가 다른 시행의 결과에 영향을 미치지 않는다.

이항확률실험과 관련된 표본공간, 확률변수, 확률분포 및 분포의 특징은 다음과 같다.

- 표본공간: $S=\{(F\cdots F), (F\cdots FS), (F\cdots SF), (SF\cdots F), \cdots, (F\cdots FSS), \cdots, (SSF\cdots F), \cdots, (S\cdots S)\}$와 같이 총 2^n개의 결과로 구성되어 있다.
- 확률변수: n번의 시행에서 발생한 성공의 횟수로 최솟값 0, 최댓값 n을 갖는다.
- 확률질량함수: $P(X=k)=\binom{n}{k}p^k(1-p)^{n-k}$, 단 $k=0,1,\ldots,n$.

  $$\because \sum_{k=0}^{n} P(X=k)=\sum_{k=0}^{n}\binom{n}{k}p^k(1-p)^{n-k}=[p+(1-p)]^n=1$$
- 표기법: $X\sim b(n,p)$ 또는 $bin(n,p)$
- 적률생성함수: $M_X(t)=(pe^t+1-p)^n$
- 평균: $E(X)=np$, 분산: $Var(X)=np(1-p)$

이항확률변수는 베르누이 확률변수의 합으로 표기할 수 있으며, 이를 이용하면 아래와 같이 적률생성함수를 더 간단히 구할 수 있다.

- $X=\sum_{k=1}^{n} I_k$, 단, $I_k=\begin{cases} 1 & \text{성공} \\ 0 & \text{실패} \end{cases}$
- $M_X(t)=M_{\sum I_k}(t)=\Pi_{k=1}^{n} M_{I_k}(t)=\Pi_{k=1}^{n}(pe^t+1-p)=(pe^t+1-p)^n$

예제 4.3.1

X가 성공확률이 p인 확률실험을 독립적으로 n회 반복하여 나타나는 성공의 횟수일 때 상대적인 성공횟수인 X/n는 n이 증가할 때 성공확률인 p에 근접함을 보여라.

풀이 $X \sim b(n,p)$이므로 $E(X)=np$이고 $Var(X)=np(1-p)$이다. 또한 마르코프 부등식을 적용하면 다음이 성립함을 보일 수 있다.

$$P\left(\left|\frac{X}{n}-p\right| \geq \epsilon\right) = P(|X-np| \geq n\epsilon) \leq \frac{E[(X-np)^2]}{n^2\epsilon^2}$$

$$= \frac{Var(X)}{n^2\epsilon^2} = \frac{p(1-p)}{n\epsilon^2}$$

$$\Rightarrow \lim_{n\to\infty} P\left(\left|\frac{X}{n}-p\right| \geq \epsilon\right) = 0, \text{ 즉 } \lim_{n\to\infty} P\left(\left|\frac{X}{n}-p\right| < \epsilon\right) = 1.$$

예제 4.3.2

X_1, X_2, X_3이 연속인 분포함수 $F(x)$를 갖는 모집단으로부터 추출된 확률표본일 때 중앙값의 확률밀도함수를 구하여라.

풀이 $Y = med(X_1, X_2, X_3)$이면 $Y \leq y$ 는 X_1, X_2, X_3 중 적어도 2개는 y보다 작거나 같다는 의미이다. 또한, $i=1,2,3$에 대해 $X_i \leq y$이면 i번째 시행은 성공이라고 했을 때, 3번의 각 시행에서 성공할 확률은 $P(X \leq y) = F(y)$로 같은 값이다. 따라서 Y의 분포함수와 확률밀도함수는 다음과 같다.

$$F_Y(y) = P(Y \leq y) = P(X_1, X_2, X_3 \text{ 중 적어도 2개는 } y\text{보다 작거나 같다.})$$

$$= \binom{3}{2}[F(y)]^2[1-F(y)] + [F(y)]^3.$$

$$f_Y(y) = \frac{d}{dy}F_Y(y) = 6[F(y)][1-F(y)]f(y).$$

다음은 이항확률변수의 값 중 확률이 최대가 되는 최빈값(mode)에 관한 정리이다.

정리 $X \sim bin(n,p)$이면 $P(X=k)$는 k가 0에서 n으로 증가할 때, 처음에는 단조증가하다가 나중에는 단조감소하며, k가 $(n+1)p$를 넘지 않는 최대 정수에서 최댓값을 갖는다.

증명 $P(X=k)/P(X=k-1)$과 1을 비교하여 X의 값이 커짐에 따라 해당 확률값이 증가하는 구간을 구하면 다음과 같다.

$$\frac{P(X=k)}{P(X=k-1)}=\frac{\frac{n!}{(n-k)!k!}p^k(1-p)^{n-k}}{\frac{n!}{(n-k+1)!(k-1)!}p^{k-1}(1-p)^{n-k+1}}=\frac{(n-k+1)p}{k(1-p)}$$

즉, 다음이 성립한다.

$$P(X=k)\geq P(X=k-1)\iff(n-k+1)p\geq k(1-p)\iff k\leq(n+1)p$$

따라서 확률변수 X의 값이 $k(\leq(n+1)p)$일 때까지는 X의 값이 증가함에 따라 해당 확률값이 증가하며 그 이후부터는 확률값이 감소한다.
또한 다음 식이 성립한다.

$$P(X=k)=P(X=k-1)\iff k=(n+1)p$$

즉, k가 정수이므로 $(n+1)p$도 정수이고 이는 X가 k와 $k-1$일 때 확률값이 최대가 된다. 이를 종합하면 확률이 최대가 되는 값 즉, 최빈값(mode)은 $(n+1)p$의 값에 따라 다음과 같다.

$(n+1)p$의 값	확률이 최대가 되는 X의 값
0 또는 비정수일 때	$[(n+1)p]$[3]
자연수 1,2,...,n일 때	$(n+1)p$ 또는 $(n+1)p-1$
$n+1$	n

예제 4.3.3

$bin(10,\ 0.2)$와 $bin(9,\ 0.2)$의 확률질량함수의 그래프를 그려보고 최빈값을 구하여라.

3) [a]는 a를 넘지 않는 최대의 정수임. 예 [2.3]=2, [2]=2

풀이

```
# Program to find the mode of a binomial distribution
# n: number of trials
# p: P(Success)
# mode: P{X=k} >= P{X=k-1} iff k<=(n+1)p
# 1)(n+1)p=0 or nonintegers: mode=[(n+1)p]  Gauss no.
# 2)(n+1)p=1,2,...,n: mode=(n+1)p or (n+1)p-1
# 3)(n+1)p=n+1: mode=n
Mode.plot=function(n,p){
  x=0:n
  px=dbinom(x,n,p)
  plot(x,px,xlab="k", ylab="P(X=k)", type="h",
  main=paste("Graph of b(",n,",", p,")",sep=""),lwd=4 )
}
Mode.plot(10,0.5)  # mode=5
Mode.plot(10,0.2)  # mode=2
Mode.plot(9,0.2)  # mode=1,2
Mode.plot(9,1)  # mode=9
```

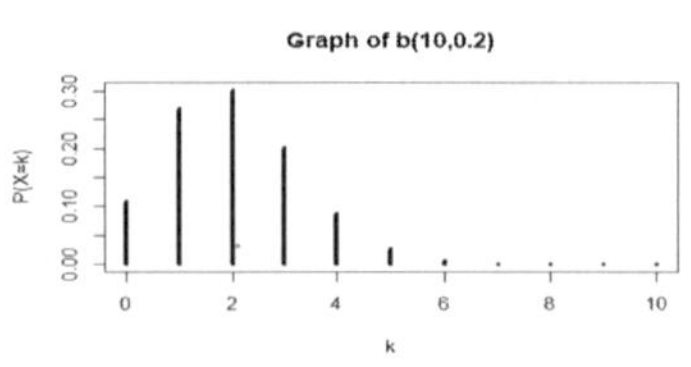

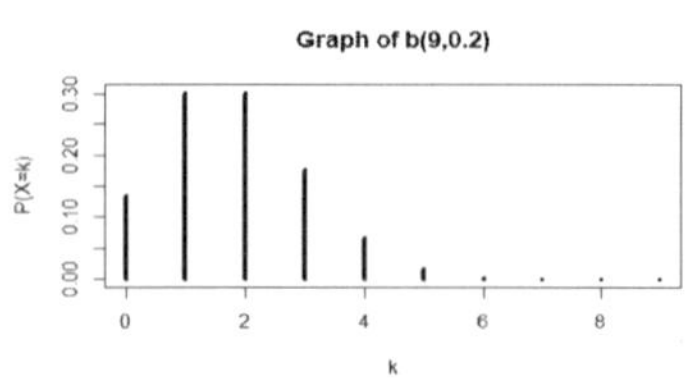

● 이항확률변수의 확률값과 분포함수를 점화적(recursively)으로 구하는 법

$X \sim bin(n,p)$일 때 $P(X=k)$와 $P(X=k-1)$의 비를 이용하면 식 (1)과 (2)에 의해 pmf 및 cdf를 각각 구할 수 있다.

$$\frac{P(X=k)}{P(X=k-1)} = \frac{p}{1-p} \cdot \frac{n-(k-1)}{k}$$

$$\Rightarrow \begin{cases} P(X=k+1) = \dfrac{p}{1-p}\dfrac{n-k}{k+1}P(X=k) & (1) \\ P(X=k-1) = \dfrac{1-p}{p}\dfrac{k}{n-k+1}P(X=k) & (2) \end{cases}$$

예제 4.3.4

$X \sim bin(6, 0.4)$일 때 다음의 물음에 답하여라.

① 식 (1)을 이용하여 pmf를 구하여라.

$P(X=0)=(0.6)^4 \approx 0.0467$, $P(X=1)=\frac{4}{6}\frac{6}{1}P(X=0) \approx 0.1866$,

$P(X=2)=\frac{4}{6}\frac{5}{2}P(X=1) \approx 0.3110$, $P(X=3)=\frac{4}{6}\frac{4}{3}P(X=2) \approx 0.2765$,

$P(X=4)=\frac{4}{6}\frac{3}{4}P(X=3) \approx 0.1382$, $P(X=5)=\frac{4}{6}\frac{2}{5}P(X=4) \approx 0.0369$,

$P(X=6)=\frac{4}{6}\frac{1}{6}P(X=5) \approx 0.0041$.

② 누적분포함수 $F_X(k)=P(X \le k)=\Sigma_{i \le k}P(X=i)$는 식 (2)를 이용하여 다음과 같이 구할 수 있다. $P(X \le k)=P(X=k)+P(X=k-1)+\cdots+P(X=0)$.

정리 X_i가 $bin(n_i, p)\,(i=1,\ldots,m)$이고 서로 독립이면, $Y=\Sigma_{i=1}^{m}X_i \sim bin\left(\Sigma_{i=1}^{m}n_i, p\right)$이다.

증명 X_i가 $bin(n_i, p)$이므로 $M_{X_i}(t)=(pe^t+1-p)^{n_i}$이다. 또한, X_i들이 서로 독립이므로 다음이 성립한다.

$$M_Y(t)=E(e^{tY})=\Pi_{i=1}^{m}E(e^{tX_i})=\Pi_{i=1}^{m}M_{X_i}(t)$$

$$=\Pi_{i=1}^{m}(pe^t+1-p)^{n_i}=\left(pe^t+1-p\right)^{\Sigma_{i=1}^{n}n_i}.$$

따라서 적률생성함수의 고유성에 의해 $Y \sim bin\left(\Sigma_{i=1}^{m}n_i, p\right)$이다.

● 음이항확률변수

성공확률이 p인 베르누이 시행을 r번째 성공이 일어날 때까지 독립적으로 계속하는 실험에서 우리의 관심이 총 시행횟수 혹은 그때까지 일어난 실패의 횟수 등인 경우가 있다. 이러한 경우에 해당되는 확률변수가 음이항(negative binomial)확률 변수이다.

정리 이항확률변수의 경우 확률변수가 r번째 성공이 일어날 때까지의 총 시행 횟수인 경우와 실패의 횟수인 경우에 따라 확률분포가 달라진다.

▸ $X=r$번째 성공이 일어날 때까지의 총 시행횟수(number of trials at the rth success occurs)

① $\{X=n\}$={n번째 시행에서 r번째 성공이 일어남}

={처음 $n-1$번의 시행에서 $r-1$번의 성공, n번째 시행은 반드시 성공}

② 확률질량함수: $P(X=n)=\binom{n-1}{r-1}p^r(1-p)^{n-r},\ n=r,\ r+1,\ \ldots$

▸ $Y=r$번째 성공을 얻을 때까지의 실패의 횟수(number of failures before the rth success)

① $\{Y=y\}$={처음 $y+r-1$회에서 $r-1$회의 성공, $y+r$번째 시행에서 성공}

$\because$ $Y+r$=정확히 r회 성공하는 데 필요한 시행의 횟수.

② 확률질량함수: $P(Y=y)=\begin{cases}\binom{r+y-1}{y}p^r(1-p)^y & y=0,1,2,\ldots \\ 0 & \text{그 외에}\end{cases}$

참고 $\binom{r+y-1}{y}=\dfrac{(r+y-1)!}{(r-1)!y!}=\dfrac{\Gamma(r+y)}{\Gamma(r)\Gamma(y+1)}$.

위와 같이 정의된 확률변수 X와 Y 사이에는 $Y=X-r$의 관계가 있으며 음이항 확률변수는 일반적으로 확률변수의 받침이 비음의 정수가 되는 Y를 사용하여 정의하며 $Y\sim NB(r,p)$로 표기한다. 또한, 음이항확률변수의 정의에서 r은 모든 자연수로 확장할 수 있다.

▸ 왜 음이항분포라는 이름을 갖게 되었을까?

음이항분포라고 불리게 된 이유는 해당 분포의 공식에 나타나는 이항계수를 음수를 사용하면 더 간단하게 표현할 수 있다는 다음의 사실을 언급한 것으로 보인다.

$$(1+t)^{-r} = \Sigma_y \binom{-r}{y} t^y = \Sigma_y (-1)^y \binom{-r}{y} (-1)^y t^y = \Sigma_y \binom{r+y-1}{y} (-t)^y$$

여기서 마지막 등호는 다음 식에 의해 성립한다.

$$\begin{aligned}(-1)^y \binom{-r}{y} &= (-1)^y \frac{(-r)(-r-1)\cdots(-r-y+1)}{(y)(y-1)\cdots(2)(1)} \\ &= (-1)^{2y} \frac{r(r+1)\cdots(r+y-1)}{y!} \\ &= \frac{(r+y-1)(r+y-2)\cdots r\cdot(r-1)!}{(r-1)!y!} = \frac{(r+y-1)!}{y!(r-1)!} \\ &= \binom{r+y-1}{y}\end{aligned}$$

▸ 음이항분포의 특성

① 위 사실을 이용하면 음이항분포의 확률질량함수에 대해 다음 식이 성립함을 알 수 있다.

$$\begin{aligned}\Sigma_{y=0}^{\infty} P(Y=y) &= \Sigma_{y=0}^{\infty} \binom{r+y-1}{y} p^r (1-p)^y \\ &= p^r \Sigma_{y=0}^{\infty} \binom{r+y-1}{y} (1-p)^y \\ &= p^r \Sigma_{y=0}^{\infty} \binom{r+y-1}{y} \{-(p-1)\}^y \\ &= p^r [1+(p-1)]^{-r} = 1\end{aligned}$$

② 음이항확률변수의 적률생성함수는 다음과 같다.

$$\text{MGF: } M_Y(t) = E[e^{tY}] = p^r [1-(1-p)e^t]^{-r}\ \text{, 단, } t < -\log(1-p)$$

적률, 평균, 분산은 다음과 같다.

$$\begin{aligned}E(Y^k) &= \sum_{y=0}^{\infty} y^k \binom{r+y-1}{y} p^r (1-p)^y = \sum_{y=0}^{\infty} y^{k-1} y \frac{(r+y-1)!}{y!(r-1)!} p^r (1-p)^y \\ &= \frac{r}{p} \sum_{y=1}^{\infty} y^{k-1} \frac{(r+y-1)!}{(y-1)!r!} p^{r+1} (1-p)^y\end{aligned}$$

$$= r\frac{(1-p)}{p}\sum_{z=0}^{\infty}(z+1)^{k-1}\frac{(r+z)!}{z!r!}p^{r+1}(1-p)^{z} \quad (\because z=y-1)$$

$$= \frac{r(1-p)}{p}E[(Z+1)^{k-1}],$$ 여기서 Z는 $r+1$번 성공할 때까지의 실패 횟수

$$E(Y) = \frac{r(1-p)}{p} \quad (\because\ k=1\text{대입})$$

$$Var(Y) = \frac{r(1-p)}{p^2}$$

$$\because\ E(Y^2) = \frac{r(1-p)}{p}E[(Z+1)] = \frac{r(1-p)}{p}[E(Z)+1] = \frac{r(1-p)}{p}\left(\frac{(r+1)(1-p)}{p}+1\right)$$

$$Var(Y) = E(Y^2) - [E(Y)]^2$$

$$= \frac{r(1-p)}{p}\left(\frac{(r+1)(1-p)}{p}+1\right) - \left(\frac{r(1-p)}{p}\right)^2 = \frac{r(1-p)}{p^2}$$

만약, 총시행횟수 X를 확률변수로 하면 $X=Y+r$이므로 X의 평균과 분산은 다음과 같다.

$$E(X) = E(Y+r) = E(Y)+r = \frac{r(1-p)}{p}+r = \frac{r}{p}$$
$$Var(X) = Var(Y+r) = Var(Y) = \frac{r(1-p)}{p^2}$$

③ 분포를 정의하는 모수들의 관계

음이항분포는 도수(count)자료의 분포를 기술하기 위해 사용되는 분포로서 정규분포와 마찬가지로 평균과 분산을 이용하여 정의하기도 한다. 즉, μ와 σ를 중요하게 여기면 음이항분포를 정의하기 위해 사용된 조합론을 무시하고 대신에 도수(count)자료를 위한 모형으로 보게 된다.

정리 평균 μ와 분산 σ^2이 주어진 경우 r은 μ와 σ^2을 이용하여 다음과 같이 표현할 수 있다.

$$r = \frac{\mu^2}{\sigma^2 - \mu}$$

증명 $\mu = \frac{r(1-p)}{p}$, $\sigma^2 = \frac{r(1-p)}{p^2}$

$$\Rightarrow \mu p = \sigma^2 p^2 \Rightarrow p = \frac{\mu}{\sigma^2} \text{ 또는 } p = \frac{r}{r+\mu}.$$

$$\mu = \frac{r(1-p)}{p} \Rightarrow r = \frac{\mu p}{1-p} = \mu\left(\frac{1-p}{p}\right)^{-1} = \mu\left(\frac{1}{p}-1\right)^{-1} = \mu\left(\frac{\sigma^2}{\mu}-1\right)^{-1}$$

$$\therefore\ r = \frac{\mu^2}{\sigma^2-\mu}.$$

④ 음이항분포의 분산은 평균과 다음의 관계를 갖는다.

$$\sigma^2 = \frac{r(1-p)}{p^2} = \frac{r(1-p)}{p}\frac{1}{p}$$

$$= \mu\frac{p+1-p}{p} = \mu\left(1+\frac{1-p}{p}\right) = \mu\left(1+\frac{r(1-p)}{p}\frac{1}{r}\right) = \mu + \frac{1}{r}\mu^2.$$

음이항분포는 분산이 평균보다 항상 크므로 과대산포모형(overdispersion)에 적합하다. 따라서 도수(count)자료를 다루는 대표적인 모형인 포아송 분포의 경우 평균과 분산이 같기 때문에 자료의 분산이 평균보다 큰 모형에는 음이항분포를 포아송 분포의 확장으로 사용할 수 있다.

⑤ $X_i \sim NB(r_i, p)$이며 독립이면 $\Sigma_{i=1}^{n} X_i \sim NB\left(\Sigma_{i=1}^{n} r_i,\ p\right)$이다.

▸ 음이항분포와 다른 분포와의 관계

$r=1$이면 기하분포(geometric distribution)라고 부르며 기하분포는 다음과 같이 정의되는 무기억성(memoryless property)을 갖는다.

정리 (무기억성) 확률변수 X가 성공이 한번 관측될 때까지의 실패횟수일 때 임의의 두 자연수 $m(>n), n$에 대하여 다음 식이 성립한다.

$$P(X>m|X>n) = P(X>m-n).$$

증명 $P(X>m) = P(m$번의 시행에서 성공이 전혀 없음$) = (1-p)^m$

$$P(X>m \mid X>n) = \frac{P(X>m \text{ and } X>n)}{P(X>n)} = \frac{P(X>m)}{P(X>n)} = (1-p)^{(m-n)}$$

$$= P(X>m-n).$$

위 식은 이미 실패를 n번했음에도 추가적으로 $m-n$번의 실패를 더 할 확률은 처음부터 $m-n$번의 실패를 관측할 확률과 같다는 의미이다.

음이항분포는 이항분포를 이용하여 다음과 같이 표현할 수 있다.

정리 (이항분포와 음이항분포의 관계) X_n이 n번의 시행에서 성공의 횟수로서 $bin(n,p)$를 따르고, Y_n이 n번의 성공이 발생할 때까지의 실패 횟수로서 $NB(n,p)$이면 다음이 성립한다.

$$P(Y_n \le m) = P(X_{n+m} \ge n).$$

증명 $\{Y_n \le m\} = \{n\text{번의 성공이 나오기까지의 실패의 횟수} \le m\}$

$$= \{m+n\text{번의 시행에서 성공이 최소 } n\text{번}\}$$

$$P(Y_n \le m) = P(m+n\text{회 시행에서 성공이 최소 } n) = P(X_{n+m} \ge n).$$

음이항분포에서 $r \nearrow \infty$이면 포아송 분포로 근사시킬 수 있다.

정리 r번의 성공을 얻을 때까지의 실패횟수인 X가 $NB(r,p)$일 때 평균(μ)이 변하지 않으면서 r이 증가하면 음이항확률변수 X는 평균이 μ인 포아송 분포로 근사시킬 수 있다.

증명

$$P(X=x) = \binom{r+x-1}{x} p^r (1-p)^x = \frac{(r+x-1)!}{x!(r-1)!} p^r (1-p)^x$$

$$= \frac{(r+x-1)!}{x!(r-1)!} \left(\frac{r}{r+\mu}\right)^r \left(\frac{\mu}{r+\mu}\right)^x$$

$$\because\ p = \frac{r}{r+\mu}\ (\text{평균이 고정},\ r \to \infty \Rightarrow p \to 1)$$

$$= \frac{(r+x-1)!}{x!(r-1)!} \left(\frac{r+\mu}{r}\right)^{-r} \frac{\mu^x}{(r+\mu)^x}$$

$$= \frac{\mu^x}{x!}\left(1+\frac{\mu}{r}\right)^{-r} \frac{(r-1+x)!}{(r+\mu)^x (r-1)!}$$

$$= \frac{\mu^x}{x!}\left(1+\frac{\mu}{r}\right)^{-r} \frac{(r-1+x)(r-1+(x-1))\cdots(r-1+1)(r-1)!}{(r+\mu)^x (r-1)!}$$

$$= \frac{\mu^x}{x!}\left(1+\frac{\mu}{r}\right)^{-r} \frac{r+x-1}{r+\mu} \times \frac{r+x-2}{r+\mu} \times \cdots \times \frac{r}{r+\mu}$$

$$\to \frac{\mu^x}{x!} e^{-\mu} \ (r \to \infty; \text{ 평균은 고정되어 있음})$$

● 이항분포의 일반화

어떤 실험의 결과가 $k(\geq 3)$개의 상호 배반이며 전체를 이루는(mutually independent and exhaustive) 결과들, 즉 $C_1, C_2, ..., C_k$ 중에 하나만 발생하는 실험을 독립적으로 n회 반복하는 확률실험에 대해 생각해보자. 이때 $i=1,...,k$에 대한 실험 결과가 C_i에 속할 확률인 p_i가 실험이 반복되는 동안 변하지 않는다고 가정하자. 또한, 확률변수 X_i를 n회의 반복된 실험 중 결과가 C_i에 속한 횟수라고 가정한다면, $X_k = n - X_1 - \cdots - X_{k-1}$이므로 해당 확률실험을 설명하기 위해서는 $k-1$개의 확률변수 $X_1, ..., X_{k-1}$의 결합확률분포를 고려하면 된다.

▸ 확률변수 $X_1, ..., X_{k-1}$의 결합확률질량함수

$$P(X_1 = x_1,\ X_2 = x_2,\ \cdots,\ X_{k-1} = x_{k-1})$$

$$= P(n\text{회의 실험 결과 } C_1\text{에 } x_1\text{회 속하고, } \cdots,\ C_{k-1}\text{에 } x_{k-1}\text{회 속하며, 따라서 } C_k\text{에 } n-(x_1+\cdots x_{k-1})\text{회 속함})$$

$$= \frac{n!}{x_1!\,x_2!\,\cdots\,x_k!} p_1^{x_1} \cdots p_{k-1}^{x_{k-1}} p_k^{x_k}$$

여기서 $x_i \geq 0 (i=1,...,k-1)$, $x_1 + \cdots x_{k-1} \leq n$, $x_k = n-(x_1 + \cdots x_{k-1})$이다.

이 확률질량함수를 모수가 n과 $p_1, ..., p_{k-1}$인 확률변수 $X_1, X_2, ..., X_{k-1}$의 다항분포라고 부른다. 또한 다항분포에서 계수는 총 n개의 개체를 x_1개의 C_1, x_2개의 C_2, ..., x_k개의 C_k로 구별하여 나열하는 방법의 수로 다음과 같이 계산한다.

$$\binom{n}{x_1}\binom{n-x_1}{x_2}\cdots\binom{n-x_1-x_2-\cdots-x_{k-2}}{x_{k-1}}$$

$$= \frac{n!}{x_1!(n-x_1)!} \frac{(n-x_1)!}{x_2!(n-x_1-x_2)!} \times \cdots \times \frac{(n-x_1-x_2-\cdots-x_{k-2})!}{x_{k-1}!x_k!}$$

$$= \frac{n!}{x_1!x_2!\cdots x_k!}.$$

다항분포의 mgf는 다음과 같다.

$$M(t_1,\cdots,t_{k-1}) = E(e^{t_1X_1+\cdots+t_{k-1}X_{k-1}}) = \left(p_1e^{t_1}+\cdots+p_{k-1}e^{t_{k-1}}+p_k\right)^n.$$

▸ 삼항분포

다항분포에서 $k=3$인 경우 $X=X_1$, $Y=X_2$로 표기하면 $n-X-Y=X_3$이며 X와 Y는 삼항분포(trinomial distribution)를 따르게 되며 결합분포는 다음과 같다.

① X와 Y의 결합확률질량함수 $p(x,y)$

1) x와 y가 $x+y\le n$인 비음의 정수이고, p_1, p_2, p_3는 $p_1+p_2+p_3=1$인 적절한 양의 진분수(proper fraction)일 때,

$$p(x,y) = \frac{n!}{x!y!(n-x-y)!}p_1^x p_2^y p_3^{n-x-y}$$

2) 그렇지 않을 때,

$$p(x,y)=0$$

위의 결합 pmf는 다음과 같이 pmf의 조건을 만족한다.

(i) $p(x,y)\ge 0$

(ii) $\displaystyle\sum_{(x,y):x,y\ge 0,\ x+y\le n} p(x,y)$

$$=\sum_{x=0}^{n}\sum_{y=0}^{n-x}\frac{n!}{x!y!(n-x-y)!}p_1^x p_2^y p_3^{n-x-y}$$

$$=\sum_{x=0}^{n}\frac{n!p_1^x}{x!(n-x)!}\sum_{y=0}^{n-x}\frac{(n-x)!}{y!(n-x-y)!}p_2^y p_3^{n-x-y}$$

$$=\sum_{x=0}^{n}\frac{n!}{x!(n-x)!}p_1^x(p_2+p_3)^{n-x}$$

$$\because\ \sum_{y=0}^{k}\frac{k!}{y!(k-y)!}p_2^y p_3^{k-y}=(p_2+p_3)^k,\ \ k=z-x.$$

$$=(p_1+p_2+p_3)^n=1$$

삼항분포의 적률생성함수는 다음과 같다.

$$M(t_1,t_2) = E(e^{t_1X+t_2Y}) = \sum_{x=0}^{n}\sum_{y=0}^{n-x}\frac{n!}{x!y!(n-x-y)!}\left(p_1e^{t_1}\right)^x\left(p_2e^{t_2}\right)^y p_3^{n-x-y}$$

$$= \left(p_1e^{t_1}+p_2e^{t_2}+p_3\right)^n$$

위 적률생성함수를 이용하면 X와 Y의 주변 적률생성함수를 구할 수 있고 적률생성함수의 고유성에 의해 X와 Y의 주변분포가 이항분포를 따름을 알 수 있다.

(i) $M_X(t_1) = M(t_1,0) = \left(p_1e^{t_1}+p_2+p_3\right)^n = \left(p_1e^{t_1}+1-p_1\right)^n$

$\Rightarrow X \sim b(n,p_1)$; $E(X) = np_1$, $Var(X) = np_1(1-p_1)$.

(ii) $M_Y(t_2) = M(0,t_2) = \left(p_1+p_2e^{t_2}+p_3\right)^n = \left(p_2e^{t_2}+1-p_2\right)^n$

$\Rightarrow Y \sim b(n,p_2)$; $E(Y) = np_2$, $Var(Y) = np_2(1-p_2)$.

적률생성함수를 이용하면 $Cov(X,Y) = -np_1p_2$임을 보일 수 있다(연습문제 참고). 또한, $M(t_1,t_2) \neq M(t_1,0)\times M(0,t_2)$이므로 X와 Y가 독립이 아님을 알 수 있다.

② 조건부분포

삼항분포에서 어떤 변수가 주어졌을 때 다른 변수의 조건부분포에 대해 살펴보자. X와 Y의 주변부 분포는 각각 $b(n,p_1)$과 $b(n,p_2)$이므로 우선 $X=x$가 주어졌을 때 Y의 조건부 pmf $p_{Y|X}(y|x)$부터 살펴보자.

결합 확률질량함수 $p(x,y)$의 받침(support)이 $0 \le x+y \le n$이므로 x의 값이 주어졌을 때 조건부 분포 $p_{Y|X}(y|x) = p(x,y)/p_X(x)$는 $0 \le y \le n-x$일 때만 0이 아닌 의미 있는 값을 갖게 된다. 즉 $p_{Y|X}(y|x)$는 다음과 같다.

$$= \begin{cases} \dfrac{\dfrac{n!}{x!y!(n-x-y)!}p_1^x p_2^y p_3^{n-x-y}}{\dfrac{n!}{x!(n-x)!}p_1^x(1-p_1)^{n-x}} = \dfrac{(n-x)!}{y!(n-x-y)!}\left(\dfrac{p_2}{1-p_1}\right)^y\left(\dfrac{p_3}{1-p_1}\right)^{n-x-y}, & y=0,1,\ldots,n-x \\ 0 & , elsewhere \end{cases}$$

따라서 $X=x$가 주어졌을 때 Y의 조건부분포는 시행횟수가 $n-x$이고, 각 시행에서의 성공확률이 $p_2/(1-p_1)$인 이항분포를 따른다. 즉,

$$Y|X=x \sim bin\left(n-x,\ \frac{p_2}{1-p_1}\right).$$

마찬가지로 $Y=y$가 주어졌을 때 X의 조건부분포는 시행횟수가 $n-y$이고, 각 시행에서의 성공확률이 $p_1/(1-p_2)$인 이항분포를 따른다. 즉,

$$X|Y=y \sim bin\left(n-y,\ \frac{p_1}{1-p_2}\right).$$

예제 4.3.5

$X=x$가 주어졌을 때 Y의 기댓값이 x의 선형함수임을 보여라.

풀이 $Y|X=x \sim bin\left(n-x,\ \frac{p_2}{1-p_1}\right)$이므로 $E(Y|x)=(n-x)\left(\frac{p_2}{1-p_1}\right)$이다. 따라서 다음에 의해 조건부기대값이 x의 선형함수임을 알 수 있다.

$$E(Y|x)=(n-x)\left(\frac{p_2}{1-p_1}\right)=n\left(\frac{p_2}{1-p_1}\right)-\left(\frac{p_2}{1-p_1}\right)x.$$

③ 상관계수

X와 Y가 모수가 n, p_1, p_2인 삼항분포를 따를 때 두 확률변수의 상관계수는 다음과 같다(연습문제 참고).

$$\rho=-\sqrt{\frac{p_1p_2}{(1-p_1)(1-p_2)}}.$$

4.4 포아송 확률변수

상황

어떤 사건들의 발생과 관련하여 특정 구간의 시간이나 공간 내에서 평균적인 사건 발생 횟수가 주어졌으며 또한 최근 사건이 발생한 시간과는 독립적으로 사건이 발생한다는 가정하에 주어진 시간 혹은 공간에서 해당 사건들의 발생 횟수(frequencies or counts of events)에 관심이 있는 경우 포아송 확률분포를 사용한다. 포아송 확률변수는 프랑스 수학자 포아송(Siméon Denis Poisson, 1781~1840)의 이름을 따서 명명되었다.

확률질량함수

확률변수는 거리, 면적, 체적 등과 같은 변수의 특정 구간에서 발생한 사건의 발생 횟수를 나타내며 확률질량함수는 다음과 같다.

$$p(k)=P(X=k)=e^{-\lambda}\frac{\lambda^k}{k!},\ k=0,1,\ldots,\ \lambda>0$$

이때 확률변수 X는 평균 발생 횟수가 λ인 포아송 분포를 따른다고 하며, 간단하게 $X\sim P(\lambda)$로 표기한다. 포아송 확률질량함수는 확률질량함수의 조건을 만족한다. 즉,

$$\Sigma_{k=0}^{\infty}p(k)=\Sigma_{k=0}^{\infty}e^{-\lambda}\frac{\lambda^k}{k!}=e^{-\lambda}\Sigma_{k=0}^{\infty}\frac{\lambda^k}{k!}=e^{-\lambda}e^{\lambda}=1.$$

다음 코드와 그림은 다양한 평균값에 대한 포아송 확률질량함수를 R을 이용하여 나타낸 것이다.

코드 포아송 분포에서 모수 λ의 역할

```
# The role of lambda in Poisson Distribution
m=1:9; n=length(m)
x=1:20;
px=matrix(0,nrow=20,ncol=9)
px[,1]=dpois(x,m[1])
plot(x,px[,1],type="b",col=1,xlab="x",ylab="", cex=0.6)
at1=seq(0, 20, 1)
axis(side =1, at1, labels = F)
for (k in 2:n) {
px[,k]=dpois(x,m[k])
lines(x,px[,k],type="b",col=k,lty=k, cex=0.6) }
legend("topright",legend=c(expression(lambda),1:9),
        col=c(0,1:9), lty=c(0,1:9),bty="n")
title(expression(paste("Poisson distribution with mean ",lambda)),
    line=1.5)
```

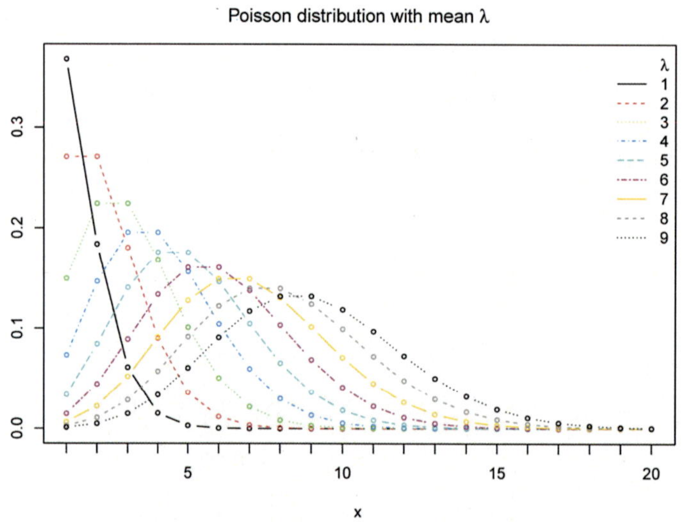

그림에서 보듯이 포아송 분포는 다음과 같은 특성을 갖는다.

① 봉우리가 하나(unimodal)이며, 오른쪽으로 길게 뻗은(skewed to the right) 비대칭분포이다.

② 평균과 분산이 같다.

③ 평균이 증가할수록 비대칭 정도는 줄어들며 점점 대칭인 종 모양에 가까워진다.

이항분포와의 관계

정리 각 시행에서 성공할 확률이 p인 시행을 독립적으로 n번 실행할 때 n이 크고 np가 적당한 값이 되도록 p가 충분히 적으면 성공횟수는 근사적으로 모수가 $\lambda = np$ 인 포아송 확률변수가 된다. 즉, $n \nearrow \infty$이고 $np = \lambda$가 되도록 $p \searrow 0$이면 $X \sim bin(n,p) \rightarrow P(\lambda)$이다.

증명

$$P(X=k) = \binom{n}{k} p^k (1-p)^{n-k} = \frac{n!}{k!(n-k)!}\left(\frac{\lambda}{n}\right)^k \left(1-\frac{\lambda}{n}\right)^{n-k}$$

$$= \frac{n(n-1)(n-2)\cdots(n-k+1)}{n^k} \frac{\lambda^k}{k!} \frac{(1-\lambda/n)^n}{(1-\lambda/n)^k} \rightarrow e^{-\lambda}\frac{\lambda^k}{k!}.$$

$$\because \ (1-\lambda/n)^n \rightarrow e^{-\lambda}, \ (1-\lambda/n)^k \rightarrow 1, \ \frac{n(n-1)(n-2)\cdots(n-k+1)}{n^k} \rightarrow 1.$$

포아송 확률법칙을 따르는 최초의 실제 예

프러시아 병사 중 말굽에 치인 사고로 사망에 이른 병사들의 수를 다룬 예제는 포아송 분포를 따르는 유명한 예제 중 하나이다. 이 자료는 14개 군단 중 10개 군단에 대해 20년(1875~1894)에 걸쳐 총 200번의 말에 치인 사건을 관측한 것으로 이 중 사망한 병사의 수는 122명이었다. 이러한 상황에서 다음과 같은 질문을 제기해 볼 수 있다.

"일 년 동안 이렇게 죽은 병사의 수는 몇 명이나 될까?",

"포아송 분포를 사용한다면 모형이 잘 맞을까? 즉, 매년 사건당 평균 사망자 수가 $\lambda = 0.61$ 일까?"

다음 표는 사건당 평균 사망자수가 0.61인 포아송 모형에서 P는 좌측에 지정된 수의 사망자가 발생할 예측 확률, E는 총 200개의 관측된 사고에서 해당 사망자 수가 예상되는 사건의 수 그리고 A는 해당 수의 사망자가 발생한 실제 사고 건수를 나타낸다. 주어진 표와 그림에서 보듯이 해당 자료는 사건당 평균 사망자수가 0.61인 포아송 모형을 가정하였을 때 실제값과 예측값이 매우 잘 맞음을 알 수 있다.

사망자수	예측확률(P)	기대관측값(E)	실제관측값 (A)
0	0.54	108.67	109
1	0.33	66.29	65
2	0.1	20.22	22
3	0.02	4.11	3
4	0	0.63	1
5	0	0.08	0
6	0	0.01	0

코드 사망자 수에 해당하는 사건 발생 횟수의 기댓값과 실제값 및 R 프로그램

```
# Prussian soldiers' deaths by horse-kick
m=0.61
x.kill=0:6
act.kill=c(109,65,22,3,1,0,0)
prob=dpois(x.kill,m)
exp.kill=prob*200
Result=cbind(x.kill,prob,exp.kill,act.kill)
plot(x.kill,exp.kill,xlab="x",ylab="counts",
    ylim=range(act.kill,exp.kill),type="b",col="red",
    main="expected deaths vs actual deaths by horse-kick")
lines(x.kill,act.kill,type="b",col="blue")
legend("topright", c("expected deaths","actual deaths"),
       fill=c("red","blue") )
```

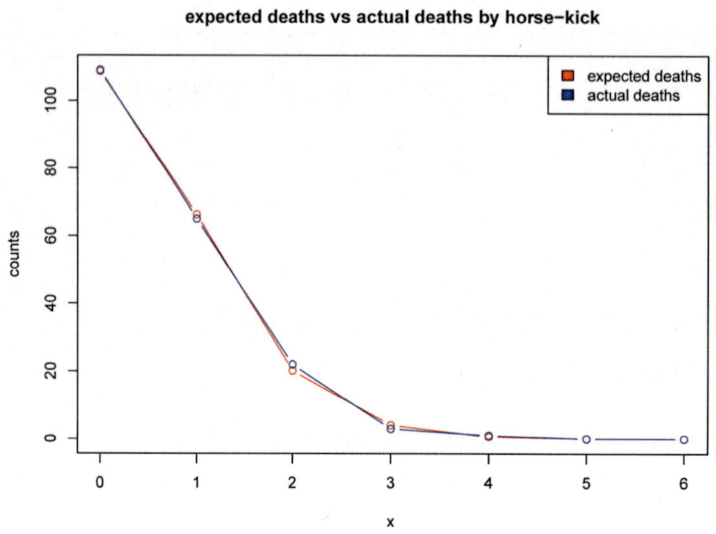

① 자료의 해석에서 유의할 점

포아송 분포는 사건 발생이 통계적으로 독립이라는 가정하에 사건의 발생 횟수를 관측한다. 따라서 기댓값이 실제 사건 발생빈도와 일치한다면 실제 자료는 우연(randomness)에 기인한 것을 의미한다. 만일 실제 사망자 수가 기대 이상이라면, 다른 방법(훈련의 미숙, 적의 전략의 우수성 등)으로 설명해야 한다.

② 다음 리스트는 포아송 분포로 모형화할 수 있는 예시들이다.

- 단위 시간당 주어진 DNA 한 가닥(a strand of DNA)에서 발생하는 돌연변이 횟수(the number of mutations)
- 백만 km당 열차와 다른 운송 수단 간에 일어난 충돌 사고 수
- 한 달에 접수된 파산 신청 횟수
- 한 시간 동안 자동차 세차장에 들어오는 차량의 대수
- 24시간 동안 데이터센터에서 발생한 파일서버의 바이러스 감염 횟수
- 에어버스 330 비행기의 10만 운항 시간당 엔진 고장 횟수
- 일반병원에서 한 시간 동안 내원한 천식 환자의 수
- 주어진 시간 동안 출생, 사망, 결혼, 이혼, 살인, 자살 등의 빈도
- 한 달 동안 서비스에 대해 불만으로 전환한 고객의 수

포아송 분포의 특성

정리 포아송 분포는 평균과 분산이 같다.

증명 ① 정의에 의한 증명

$$E(X)=\sum_{k=0}^{\infty}k\frac{e^{-\lambda}\lambda^k}{k!}=\lambda e^{-\lambda}\sum_{k=1}^{\infty}\frac{\lambda^{k-1}}{(k-1)!}=\lambda e^{-\lambda}\sum_{j=0}^{\infty}\frac{\lambda^j}{j!}=\lambda e^{-\lambda}e^{\lambda}=\lambda$$

$$E(X^2)=\Sigma_{k=0}^{\infty}k^2\frac{e^{-\lambda}\lambda^k}{k!}=\Sigma_{k=0}^{\infty}k\frac{e^{-\lambda}\lambda^k}{(k-1)!}=\Sigma_{J=0}^{\infty}(j+1)\frac{e^{-\lambda}\lambda^{j+1}}{j!}$$

$$=\lambda\Sigma_{J=0}^{\infty}(j+1)\frac{e^{-\lambda}\lambda^j}{j!}=\lambda\Sigma_{j=0}^{\infty}j\frac{e^{-\lambda}\lambda^j}{j!}+\lambda\Sigma_{j=0}^{\infty}\frac{e^{-\lambda}\lambda^j}{j!}=\lambda^2+\lambda$$

$$Var(X)=E(X^2)-E^2(X)=(\lambda^2+\lambda)-\lambda^2=\lambda$$

증명 ② mgf에 의한 증명

포아송분포의 mgf는 $M(t)=e^{\lambda(e^t-1)}$이므로 다음 절차에 의해 평균과 분산을 구할 수 있다.

$$M(t)=E(e^{tX})=\Sigma_{k=0}^{\infty}e^{tk}p(k)=\Sigma_{k=0}^{\infty}e^{tk}\frac{e^{-\lambda}\lambda^k}{k!}$$

$$=e^{-\lambda}\Sigma_{k=0}^{\infty}\frac{(\lambda e^t)^k}{k!}=e^{-\lambda}e^{\lambda e^t}=e^{\lambda(e^t-1)}$$

$$E(X)=M'(0)=e^{\lambda(e^t-1)}(\lambda e^t)|_{t=0}=\lambda$$

$$E(X^2)=M''(0)=e^{\lambda(e^t-1)}(\lambda e^t)+e^{\lambda(e^t-1)}(\lambda e^t)^2|_{t=0}=\lambda+\lambda^2$$

$$Var(X)=E(X^2)-E^2(X)=(\lambda^2+\lambda)-\lambda^2=\lambda.$$

$$\therefore\ E(X)=Var(X).$$

평균과 분산이 같다는 것은 사건 발생 횟수가 많을수록 평균적으로 자료의 변동이 더 심하다는 의미이다. 예를 들어, 실리콘 기판의 결함 수가 $\lambda=2$인 포아송 분포를 따르는 경우보다 $\lambda=20$인 포아송 분포를 따를 때 관측되는 결함 수의 변동이 더 심하다.

정리 평균이 λ_i인 포아송 확률변수 X_i $(i=1,2,...,n)$들이 서로 독립이면 $\Sigma_{i=1}^{n}X_i$은 평균이 $\Sigma_{i=1}^{n}\lambda_i$인 포아송 분포를 따른다.

증명 $Y=\Sigma_{i=1}^{n}X_i$일 때 $M_Y(t)=E(e^{tY})=\Pi e^{\lambda_i(e^t-1)}=\exp\{(\Sigma_{i=1}^{n}\lambda_i)(e^t-1)\}.$

mgf의 유일성에 의해 $\Sigma_{i=1}^{n}X_i\sim Poisson(\Sigma_{i=1}^{n}\lambda_i)$이다.

4.5 logit, sigmoid, softmax의 관계

이번 절에서는 다항분포와 관련하여 기계학습에서 활성화함수(activation function)로 자주 사용되고 있는 로짓, 시그모이드, 소프트맥스 함수들을 살펴본다.

각 함수의 정의

▸ $\text{logit}(y) = \log\left(\frac{y}{1-y}\right)$

▸ $\text{sigmoid}(y) = \frac{1}{1+\exp(-y)}$

▸ $\text{softmax}(y_i) = \frac{\exp(y_i)}{\sum_{j=1}^{K}\exp(y_j)},\ i = 1,\ldots,K.$

이항분류문제의 경우

어떤 특성이 주어졌을 때 특성에 의해 관측값을 두 개의 범주(C_1과 C_2)로 구분하는 이진분류문제(binary classification)에서 분류와 관련된 확률은 다음과 같이 정의할 수 있다.

$P(C_1|x) \equiv y$를 하나의 데이터 포인트 x가 주어졌을 때, 이것이 C_1으로 분류될 확률이라고 하면, $P(C_2|x) \equiv 1-y$는 같은 데이터가 C_2로 분류될 확률이다.

y값에 의한 분류의 기준을 0.5로 하면, 즉 $y > 0.5$이면 C_1으로 분류하고 그렇지 않으면 C_2로 분류한다고 하자. 이를 오즈와 로짓으로 표현하면 다음과 같다.

$$\text{Choose}\begin{cases} C_1, & y > 0.5 \\ C_2, & y \le 0.5 \end{cases}$$

$$\Leftrightarrow \text{Choose}\begin{cases} C_1, & odds > 1.0 \\ C_2, & odds \le 1.0 \end{cases},\ \text{단 오즈} = \frac{y}{1-y}.$$

$$\Leftrightarrow \text{Choose}\begin{cases} C_1, & \text{logit} > 0 \\ C_2, & \text{logit} \le 0 \end{cases},\ \text{단 logit} = \log\left(\frac{y}{1-y}\right).$$

즉, x가 주어졌을 때 $y>0.5$이면 관측값을 C_1으로 배정한다는 것은 오즈[4]가 1보다 크면 관측값을 C_1으로 배정한다는 의미이고, 이는 로짓이 양수이면 x를 C_1으로 배정한다는 것과 같다. 여기서 y를 logit으로 표현하면, 즉 y를 로짓의 역함수로 표현하면 다음과 같이 시그모이드(sigmoid) 함수가 되는 것을 알 수 있다.

---

4) odds는 도박에서 얻을(pay off) 확률과 잃을(stake) 확률의 비율을 뜻하는 영어단어이다. C_1으로 배정될 확률을 '얻는다', C_2로 배정될 확률을 '잃는다'로 간주한다.

$$\text{logit}(y) \equiv \log\left(\frac{y}{1-y}\right) = t \Leftrightarrow y = \frac{\exp(t)}{1+\exp(t)} \equiv \text{sigmoid}(t).$$

● 다항분류문제의 경우

이항분류문제를 다항분류문제로 확장할 때 이항분류에서 활성화함수 sigmoid 함수는 소프트맥스(softmax) 함수로 확장된다.

어떤 특성이 주어졌을 때 관측값 x를 분류할 수 있는 항목이 $C_1,\ldots,C_K$의 K개로 가능하면 이때 분류와 관련된 확률은 다음과 같다.

$$P(C_j|x) \equiv y_j,\ j=1,\cdots,K$$

K번째 항목으로 분류될 확률 y_K에 대한 i번째 범주로 분류될 확률 y_i의 로그 오즈를 t_i로 표현하면 원래 확률의 오즈는 다음과 같이 표현할 수 있다.

$$\log\left(\frac{y_i}{y_K}\right) \equiv t_i \Leftrightarrow \frac{P(C_i|x)}{P(C_K|x)} \equiv \exp(t_i),\ i=1,\ldots,K.$$

또한, 다음과 같은 식에 의해 y_i가 softmax 함수가 됨을 알 수 있다.

$$\Sigma_{i=1}^{K-1}\exp(t_i) = \Sigma_{i=1}^{K-1}\frac{P(C_i|x)}{P(C_K|x)} = \frac{1-P(C_K|x)}{P(C_K|x)}\ \left(\because\ \Sigma_{j=1}^{K}P(C_j|x)=1\right)$$

$$\Rightarrow P(C_K|x) = \frac{1}{1+\Sigma_{i=1}^{K-1}\exp(t_i)}$$

$$\Rightarrow P(C_i|x) = \exp(t_i)P(C_K|x)$$

$$= \frac{\exp(t_i)}{1+\Sigma_{j=1}^{K-1}\exp(t_j)} = \frac{\exp(t_i)}{\exp(t_K)+\Sigma_{j=1}^{K-1}\exp(t_j)}\ (\because\ \exp(t_K)=1)$$

$$= \frac{\exp(t_i)}{\Sigma_{j=1}^{K}\exp(t_j)} \equiv \text{softmax}(t_i).$$

분류항목이 두 개인 경우 $K=2$이므로 $y=P(C_1|x)$라 하면 다음 식에 의해 sigmoid 함수가 softmax의 특별한 (범주가 2개인) 경우임을 알 수 있다.

$$\log\left(\frac{y}{1-y}\right) = t \Leftrightarrow \exp(t) = \frac{y}{1-y} \Leftrightarrow y = \frac{1}{1+e^{-t}} = \frac{e^t}{1+e^t} = \text{sigmoid(t)}$$

요약

- logit과 sigmoid는 서로 역함수 관계이다.
- 두 개 범주에 정의된 logit을 K개 범주로 일반화하면 softmax 함수가 유도된다.
- softmax 함수에서 K를 2로 놓으면 sigmoid 함수로 환원이 된다.
- sigmoid 함수를 K개의 클래스를 대상으로 일반화하면 softmax 함수가 유도된다.
- sigmoid 함수는 인공신경망에서 ReLU가 등장하기 전에 활발하게 사용되었던 활성화함수로 hidden 노드 바로 뒤에 부착된다.
- softmax 함수는 인공신경망이 내놓은 K개의 클래스 분류 결과를 확률처럼 해석하도록 만들어주며 일반적으로 출력 노드 바로 뒤에 부착된다.
- 코드에서 사용될 때는 서로 다른 용도로 사용된다.
- sigmoid는 activation에, softmax는 classification에 사용되지만, 수학적으로는

서로 같은 함수로 다루는 클래스가 2개냐 K개냐의 차이가 있을 뿐이다.

4.6 파이썬 활용 예제

아래 파이썬 코딩은 sigmoid 함수를 그리기 위한 절차이다. 코딩을 실행하여 결과물을 확인하여 보자.

```
import numpy as np
def sig(x):
 return 1/(1 + np.exp(-x))
```

```
import numpy as np
def sig(x):
 return 1/(1 + np.exp(-x))

x = 1.0
print('Applying Sigmoid Activation on (%.1f) gives %.1f' % (x, sig(x)))

x = -10.0
print('Applying Sigmoid Activation on (%.1f) gives %.1f' % (x, sig(x)))

x = 0.0
print('Applying Sigmoid Activation on (%.1f) gives %.1f' % (x, sig(x)))

x = 15.0
print('Applying Sigmoid Activation on (%.1f) gives %.1f' % (x, sig(x)))

x = -2.0
print('Applying Sigmoid Activation on (%.1f) gives %.1f' % (x, sig(x)))
```

```
import numpy as np
import matplotlib.pyplot as plt
x = np.linspace(-10, 10, 50)
p = sig(x)
plt.xlabel("x")
plt.ylabel("Sigmoid(x)")
plt.plot(x, p)
plt.show()
```

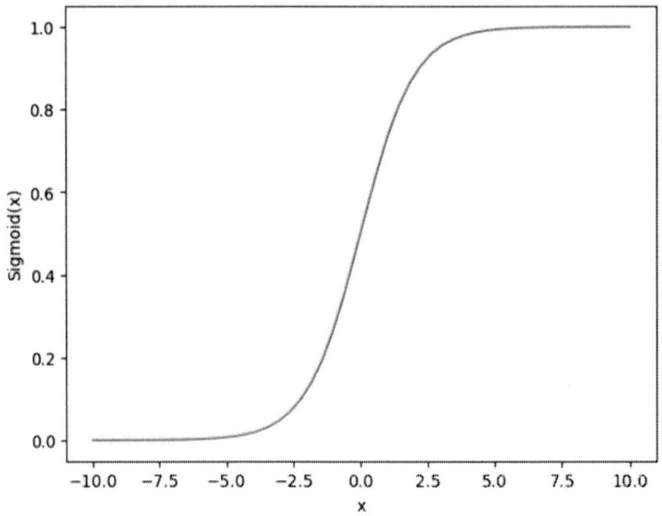

연습문제

1 $X \sim b(n,p)$ **일 때** $E(X)=np$ **이고** $Var(X)=np(1-p)$ **임을 다음 방법으로 증명하라.**

① 기댓값의 정의를 이용

② MGF를 이용

③ $X=\sum_{k=1}^{n} I_k$와 $E(I_k)$를 이용

2 X**와** Y**가 모수가** n, p_1, p_2 **인 삼항분포를 따를 때 다음을 증명하라.**

① $Cov(X, Y)=-np_1p_2$임을 보여라.

② $\rho_{X,Y}=-\sqrt{\dfrac{p_1p_2}{(1-p_1)(1-p_2)}}$

! 힌트 조건부 기댓값을 선형함수로 표현하고 상관계수의 제곱이 일차계수의 곱과 같음을 이용한다.

3 **확률변수** X**의 mgf가** $M(t)=e^{4(e^{t}-1)}$ **일 때** $P(X=3)$**을 구하여라.**

연습문제

4 어떤 사무실에서는 한 시간에 평균 12번의 전화를 받는다고 한다. 이때 한 시간에 최소 20번의 전화를 받을 확률을 계산하여라.

5 확률변수 X가 평균이 λ인 포아송분포를 따를 때 중심 적률이 다음의 점화식을 만족함을 보여라.

$$E(X-\lambda)^{r+1} = r\lambda E(X-\lambda)^{r-1} + \lambda \frac{\partial E(X-\lambda)^r}{\partial \lambda},\ r = 1,2,\ldots$$

즉, $\mu_{r+1} = \lambda\left(r\mu_{r-1} + \frac{\partial \mu_r}{\partial \mu}\right)$, 여기서 $\mu_r = E(X-\lambda)^r$로 중심적률이다.

6 X~Poisson(α)이고 Y~Poisson(β)이며 서로 독립일 때 확률변수 Z=X+Y의 pmf를 구하여라.

5장

연속확률변수

5.1 복습

확률변수 X의 분포함수가 연속함수일 때 X를 연속확률변수라고 한다. 즉, 임의의 실수 t에 대해 $P(\{\omega\in\Omega \mid X(\omega)=t\})=0$이 성립할 때 X를 연속확률변수라고 한다. 임의의 구간 I에 대해 다음을 만족하는 함수 $f: R\to[0,\infty)$가 존재할 때 확률변수 X를 절대연속확률변수, 함수 f를 X의 밀도함수(density function)라고 부른다.

$$P(\{\omega\in\Omega \mid X(\omega)\in I\})=\int_I f(x)dx.$$

즉, $\forall a\in R,\ F_X(a)=P(X\le a)=\int_{-\infty}^{a} f(x)dx$로 구할 수 있다.

$f(x)$는 $X=x$일 확률을 의미하는 것이 아니라 값 x를 취할 상대적인 확률을 의미한다. 즉, $f(b)>f(a)$는 X가 a 근처의 값을 취할 확률보다 b 주변의 값을 취할 확률이 더 크다는 것을 의미한다.

예제 5.1.1

고장 나기 전 컴퓨터의 작동 시간은 pdf가 $f(x)=\lambda\exp(-x/100)1_{(0,\infty)}(x)$인 연속확률변수이다.

① λ의 값을 구하여라.

② 컴퓨터가 고장 나기 전 50시간에서 150시간 사이에 작동되었을 확률을 구하여라.

③ 컴퓨터가 100시간이 안 되어 고장이 날 확률을 구하여라.

풀이 ① $1=\int_{-\infty}^{\infty} f(x)dx$

$$\Rightarrow 1=\lambda\int_0^{\infty}\exp(-x/100)dx=-\lambda(100)\exp(-x/100)|_0^{\infty}=100\lambda$$

$\therefore\ \lambda=1/100.$

② $P(50<X<150)=\int_{50}^{150}\frac{1}{100}\exp(-x/100)dx=-\exp(-x/100)|_{50}^{150}$

$$=e^{1/2}-e^{-3/2}\approx 0.383$$

③ $P(X<100)=\int_0^{100}\frac{1}{100}\exp(-x/100)dx=-e^{-x/100}|_0^{100}=1-e^{-1}\approx 0.632.$

예제 5.1.2

연속확률변수 X의 분포함수와 pdf가 각각 F_X 및 f_X일 때 $Y=2X$의 pdf를 구하여라.

풀이 $F_Y(y)=P(Y\le y)=P(2X\le y)=P(X\le y/2)=F_X(y/2)$

$$f_Y(y)=\frac{d}{dy}F_Y(y)=\frac{d}{dy}F_X(y/2)=\frac{dF_X(y/2)}{d(y/2)}\frac{d(y/2)}{dy}$$

$$=f_X(y/2)\times\frac{1}{2}=\frac{1}{2}f_X(y/2).$$

5.2 균등(일)확률변수(Uniform RV)

확률변수 X가 구간 (a,b)에서 값을 취할 확률이 같을 때 확률밀도함수(pdf)는 다음과 같이 주어지며, 구간 (a,b)에서 균일 또는 균등(uniform)확률변수라고 하고 $X\sim U(a,b)$로 표기한다.

$$f(x)=\frac{1}{b-a}1_{(a,b)}(x)$$

균일확률변수의 분포함수는 다음과 같다.

$$F(x)=\int_0^x\frac{1}{b-a}1_{(a,b)}(u)du=\begin{cases}0, & x\le a\\ \frac{x-a}{b-a}, & a<x<b\\ 1, & x\ge b\end{cases}$$

균일확률분포의 기본적인 특징인 평균과 분산은 다음과 같다.

$$E(X) = (a+b)/2, \quad Var(X) = \frac{(b-a)^2}{12}.$$

균등확률변수의 pdf와 cdf를 그림으로 표현하면 다음과 같다.

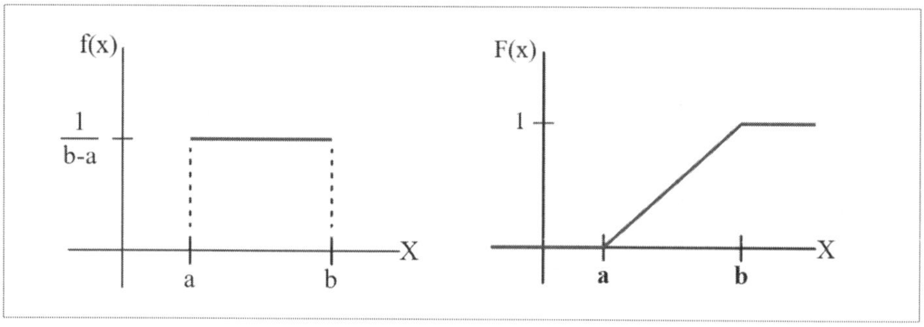

그림 5.1 균등확률변수의 pdf와 cdf

5.3 정규확률변수

● 정규분포의 역사

"공정한 동전을 100번 던졌을 때 앞면이 60번 이상 나올 확률은 어떻게 될까?" 드무아브르(Abraham de Moivre)는 18세기 통계학자이자 도박꾼들의 상담가로서 종종 위와 같이 지루한 문제들을 계산하기 위해 호출되곤 했다. 그는 동전 던지기와 같은 실험은 던지는 횟수가 많아지면 이항분포의 모양이 매우 매끄러운 곡선으로 접근한다는 사실에 주목하고 이 곡선을 수학적으로 표현할 수 있다면 위의 문제를 쉽게 해결할 수 있다고 생각하였다.

많은 자연현상의 확률분포도 근사적으로는 정규분포(normal distribution)를 따른다. 정규분포를 최초로 자연현상에 적용한 예는 천체관측 때 발생하는 관측오차의 분석에서 이루어졌다. 사실 오차는 완벽하지 못한 측정기구 또는 관측자로 인해서 발생한다. 17세기 Galileo는 이러한 오차는 대칭이며 적은 오차가 큰 오차보다 더 빈번하게 발생한다는 사실에 주목하였다. 이 오차의 분포에 대해 다양한 분포들이 가정되었지만, 오차들이 정규분포를 따른다는 사실은 19세기 초에서야 비로소 발견되었다. 1808년 수학자 아드레인(Adrain)[5]과 1809년 가우스(Gauss)[6]는 정규분포에 대한 공식을 독자적으로 개발하였으며 오차들이 이 분포에 잘 적합된다는 것을 보였다. 1778년 라플라스(Laplace) 1778년 중심극한정리를 유도할 때 정규분포를 발견하였다. 케틀레(Quetelet)[7]는 정규분포를 키, 몸무게와 같은 인간의 특성에 최초로 적용하였다.

정규확률변수의 정의

확률변수 X의 pdf가 다음과 같을 때 정규분포를 따른다고 하고 $X \sim N(\mu, \sigma^2)$로 표기한다.

$$f(x) = \frac{1}{\sigma\sqrt{2\pi}} \exp\left\{-\frac{1}{2}\left(\frac{x-\mu}{\sigma}\right)^2\right\},\ -\infty < x < \infty$$

일반적으로 평균이 0이고 표준편차가 1인 정규확률변수를 표준정규확률변수(standard normal RV)라고 하며 Z로 표기한다. 즉, $Z \sim N(0, 1)$이다. 다른 확률변수의 분포함수와 구별하기 위해 Z의 확률밀도함수는 $\phi(z)$로 누적분포함수는 $\Phi(z)$로 각각 표기하기도 한다. 즉, 다음과 같다.

$$f_Z(z) = \frac{1}{\sqrt{2\pi}} \exp\left(-\frac{z^2}{2}\right) \equiv \phi(z),\ -\infty < z < \infty$$

$$F_Z(z) = P(Z \le z) = \int_{-\infty}^{z} \phi(t)dt \equiv \Phi(z),\ -\infty < z < \infty.$$

정리 $X \sim N(\mu, \sigma^2)$이고 $Z \sim N(0, 1)$이면 X와 Z사이에는 $X = \mu + \sigma Z$(단 $\sigma > 0$)의 관계가 있다.

---

5) R. Adrain, Research concerning the probabilities of the errors which happen in making observations, Analyst 1 (1808), 93-109. Reprinted in Stigler, 1980.

6) C. F. Gauss, *Theoria Motus Corporum Celestium*. Hamburg, Perthes et Besser, 1809. Translated as *Theory of Motion of the Heavenly Bodies Moving about the Sun in Conic Sections* (trans. C. H. Davis), Boston, Little, Brown 1857. Reprinted: New York, Dover 1963.

7) Lambert Adolphe Jacques Quetelet (1796–1874) was a Belgian astronomer, mathematician, statistician and sociologist. He founded and directed the Brussels Observatory and was influential in introducing statistical methods to the social sciences.

증명 $F_X(x) = P(X \le x) = P(\mu + \sigma Z \le x) = P\left(Z \le \frac{x-\mu}{\sigma}\right) = F_Z\left(\frac{x-\mu}{\sigma}\right)$

$$f_X(x) = \frac{dF(x)}{dx} = \frac{d}{dx} F_Z\left(\frac{x-\mu}{\sigma}\right) = \frac{dF_Z(y)}{dy}\frac{dy}{dx} = f_Z(y)\frac{1}{\sigma},\ \text{단 } y = (x-\mu)/\sigma$$

$$= \frac{1}{\sigma\sqrt{2\pi}} \exp\left(\frac{-(x-\mu)^2}{2\sigma^2}\right).$$

예제 5.3.1

$\Phi(-z) = 1 - \Phi(z)$임을 보여라.

풀이 $$\Phi(-z) = \int_{-\infty}^{-z} \phi(t)dt \overset{①}{=} \int_{\infty}^{z} \phi(-u)(-1)du \overset{②}{=} \int_{z}^{\infty} \phi(-u)du \overset{③}{=} \int_{z}^{\infty} \phi(u)du$$

$$= \int_{-\infty}^{\infty} \phi(u)du - \int_{-\infty}^{z} \phi(u)du = 1 - \Phi(z).$$

참고 ① $-t = u$로 치환, ② 적분의 상한과 하한을 바꿈, ③ $\phi(-z) = \phi(z)$.

정규확률밀도함수의 특징

$X \sim N(\mu, \sigma^2)$이면 다음과 같은 특징을 갖는다.

- $X = \mu$에 대해 대칭이다.
- $X = u$에서 최댓값 $1/\sigma\sqrt{2\pi}$를 가진다.
- X축을 수평점근선으로 가진다.
- $X = \mu \pm \sigma$를 변곡점으로 가진다.

정규확률변수의 적률생성함수

표준정규확률변수 Z의 mgf는 다음과 같다.

$$M_Z(t) = E(e^{tZ}) = \int_{-\infty}^{\infty} \exp(tz)\frac{1}{\sqrt{2\pi}}\exp\left(-\frac{z^2}{2}\right)dz$$

$$= \exp\left(\frac{t^2}{2}\right)\int_{-\infty}^{\infty} \frac{1}{\sqrt{2\pi}}\exp\left\{-\frac{1}{2}(z-t)^2\right\}dz$$

$$= \exp\left(\frac{t^2}{2}\right)\int_{-\infty}^{\infty} \frac{1}{\sqrt{2\pi}}\exp\left\{-\frac{1}{2}w^2\right\}dw = \exp\left(\frac{t^2}{2}\right),\ t \in (-\infty, \infty).$$

mgf를 이용하면 Z의 평균과 분산이 각각 0과 1임을 다음과 같이 보일 수 있다.

$$M_Z'(t) = t\exp(t^2/2) \Rightarrow E(Z) = M'(0) = 0.$$

$$M_Z''(t) = \exp(t^2/2) + t^2\exp(t^2/2) \Rightarrow E(Z^2) = M''(0) = 1.$$

$$\therefore\ Var(Z) = E(Z^2) - E^2(Z) = M''(0) = 1.$$

평균이 μ이고 분산이 σ^2인 정규확률변수, 즉 $X \sim N(\mu, \sigma^2)$의 mgf는 $X = \sigma Z + \mu$의 관계를 이용하여 다음과 같이 구한다.

$$M_X(t) = E(e^{tX}) = E(e^{t(\sigma Z + \mu)}) = e^{tu}E[e^{t\sigma Z}] = \exp(\mu t)M_Z(\sigma t)$$

$$= \exp(\mu t)\exp(\sigma^2 t^2/2) = \exp\left(\mu t + \frac{1}{2}\sigma^2 t^2\right).$$

예제 5.3.2

확률변수 X의 mgf가 $M_X(t) = e^{2t+32t^2}$일 때 X의 구체적인 분포를 구하여라.

풀이 $M_X(t) = e^{2t+32t^2} = \exp\left(2t + 64\frac{t^2}{2}\right)$이므로 $X \sim N(2, 64)$.

예제 5.3.3

$X \sim N(\mu, \sigma^2)$일 때 $P(X \le x)$를 $\Phi(z)$를 이용하여 계산하라.

풀이 $F_X(x) = P(X \le x) = P\left(\frac{X-\mu}{\sigma} \le \frac{x-\mu}{\sigma}\right) = P\left(Z \le \frac{x-\mu}{\sigma}\right) = \Phi\left(\frac{x-\mu}{\sigma}\right).$

예제 5.3.4

x_p와 z_p가 각각 $X \sim N(\mu, \sigma^2)$와 $Z \sim N(0, 1)$의 p–분위수(quantile)일 때 $x_p = \sigma z_p + \mu$의 관계가 성립함을 보여라.

풀이 $p = F_X(x_p) = P(X \le x_p) = P\left(\frac{X-\mu}{\sigma} \le \frac{x_p - \mu}{\sigma}\right) = P\left(Z \le \frac{x_p-\mu}{\sigma}\right) = \Phi\left(\frac{x_p-\mu}{\sigma}\right)$

즉, $\frac{x_p - \mu}{\sigma} = z_p$이므로 $x_p = \sigma z_p + \mu$이다.

정규확률변수의 선형성

정규분포를 따르는 확률변수들의 선형결합으로 표현되는 확률변수는 정규분포를 따른다.

정리 $X_i \sim N(\mu_i, \sigma_i^2)\ (i = 1, \ldots, n)$이 서로 독립이면

$Y = \Sigma_{i=1}^n a_i X_i \sim N(\Sigma_{i=1}^n a_i \mu_i,\ \Sigma_{i=1}^n a_i^2 \sigma_i^2)$이다.

증명 $M_Y(t) = E[\exp(t\Sigma_{i=1}^n a_i X_i)] = \Pi_{i=1}^n E[\exp(ta_i X_i)] = \Pi_{i=1}^n M_{X_i}(ta_i)$

$$= \Pi_{i=1}^n \exp\left[ta_i\mu_i + \frac{t^2 a_i^2}{2}\sigma_i^2\right] = \exp\left[t\Sigma_{i=1}^n a_i\mu_i + \frac{t^2}{2}\Sigma_{i=1}^n a_i^2\sigma_i^2\right]$$

$$\Rightarrow Y \sim N(\Sigma_{i=1}^n a_i\mu_i,\ \Sigma_{i=1}^n a_i^2\sigma_i^2).$$

따름정리 $X_1, \ldots, X_n$이 iid $N(\mu, \sigma^2)$이면 $\overline{X} \sim N(\mu, \sigma^2/n)$이다.

증명 $X_1, \ldots, X_n$가 독립이고 동일한 분포를 따르므로 $\overline{X} = \Sigma X_i / n$은 위 정리에서 $i = 1, \ldots n$에 대해 $a_i = 1/n,\ \mu_i = \mu,\ \sigma_i = \sigma$에 해당한다.

따라서 $\Sigma_{i=1}^n (1/n)\mu = \mu,\ \Sigma(1/n)^2\sigma^2 = \sigma^2/n$이므로 $\overline{X} \sim N(\mu, \sigma^2/n)$이다.

Value at Risk (VaR)

VaR이란 특정 포트폴리오가 일정기간 동안 보여준 변동률을 고려할 때 향후 발

생할 수도 있는 최대손실가능금액(Worst Expected Loss)으로 특정 금융자산 포트폴리오의 손실위험을 측정하기 위해 널리 이용되는 위험 측정 수단이다.

예를 들어, 목표기간 1년, 신뢰수준 95%에서 산출된 VaR이 10억이라면 1년 동안 발생할 수 있는 최대손실금액이 10억보다 적을 확률 확률이 95%(10억을 넘을 확률이 5%)라는 의미로 10억의 자금을 조달할 수 있는 능력이 있다면 시장위험을 통제할 수 있다는 의미이다.

예제 5.3.5

투자의 최대손실금액 VaR을 투자 손실이 v보다 클 가능성이 단지 1% 존재하는 값 v로 정의하자. 만일 투자이득 X가 $N(\mu,\sigma^2)$인 분포를 따른다면 v값은 얼마인가?

풀이 손실은 부(negative)의 투자이득이므로 v는 $0.01 = P(-X > v)$을 만족한다.

$$-X \sim N(-\mu,\sigma^2) \Rightarrow 0.01 = P\left(\frac{-X-(-\mu)}{\sigma} > \frac{v-(-\mu)}{\sigma}\right) = P\left(Z > \frac{v+\mu}{\sigma}\right)$$

$$= 1-\Phi\left(\frac{v+\mu}{\sigma}\right)$$

$$\Rightarrow \Phi\left(\frac{v+\mu}{\sigma}\right) = 0.99 \Rightarrow \frac{v+\mu}{\sigma} = 2.33 \quad \because \Phi(2.33) = 0.99$$

$$\Rightarrow v = 2.33\sigma - \mu$$

$\therefore$ 투자이득이 정규분포를 따른다면 $2.33\sigma-\mu$보다 더 큰 손실이 올 가능성은 1%이다.

이항분포의 정규근사

▸ DeMoivre-Laplace 극한정리

$X \sim b(n,p)$이고 np나 $n(1-p)$가 모두 클 경우(보통 5 이상 또는 $np(1-p) \geq 10$) X는 근사적으로 평균이 np이고 표준편차가 $\sqrt{np(1-p)}$ 인 정규분포를 따른다. 즉, X를 표준화한 확률변수는 표준정규확률변수로 근사한다. 이를 식으로 표현하면 다음과 같다.

$$Z = \frac{X - np}{\sqrt{np(1-p)}} \rightarrow N(0,1) \quad (n \rightarrow \infty).$$

따라서 주어진 조건을 만족한다면 이산형 확률변수인 이항확률변수와 관련된 확률은 다음과 같이 표준정규분포를 사용하여 쉽게 구할 수 있다.

$$P(X \le k) \approx P\left(Z \le \frac{k - np}{\sqrt{np(1-p)}}\right) = \Phi\left(\frac{k - np}{\sqrt{np(1-p)}}\right).$$

또한, 이산확률변수가 취한 값에 연속성을 보정(continuity correction)하여 다음과 같이 근사하기도 한다.

$$P(X \le k) = P(X \le k + 0.5) \approx P\left(Z \le \frac{k + 0.5 - np}{\sqrt{np(1-p)}}\right) = \Phi\left(\frac{k + 0.5 - np}{\sqrt{np(1-p)}}\right).$$

다음 그림은 n이 커질수록 이항확률분포가 정규확률밀도함수에 점점 더 가까워짐을 보여주고 있다.

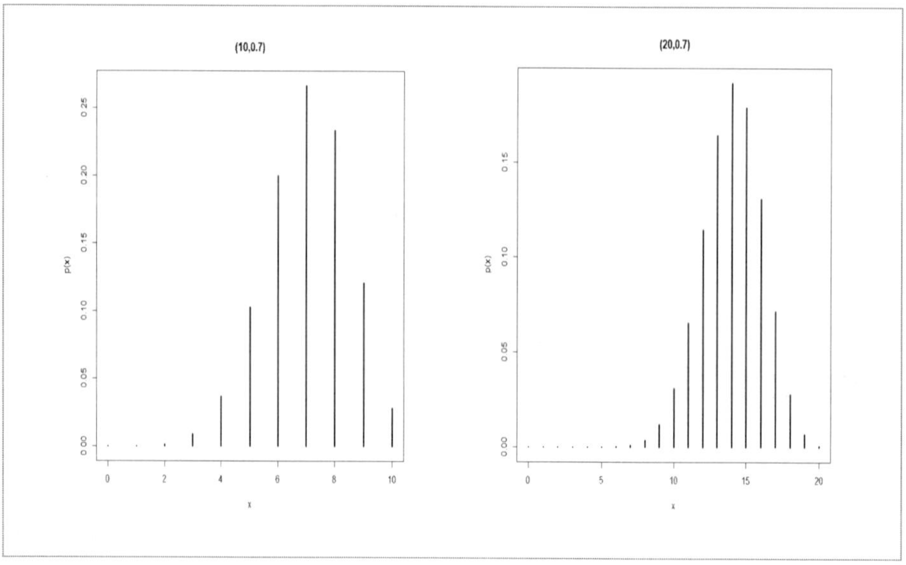

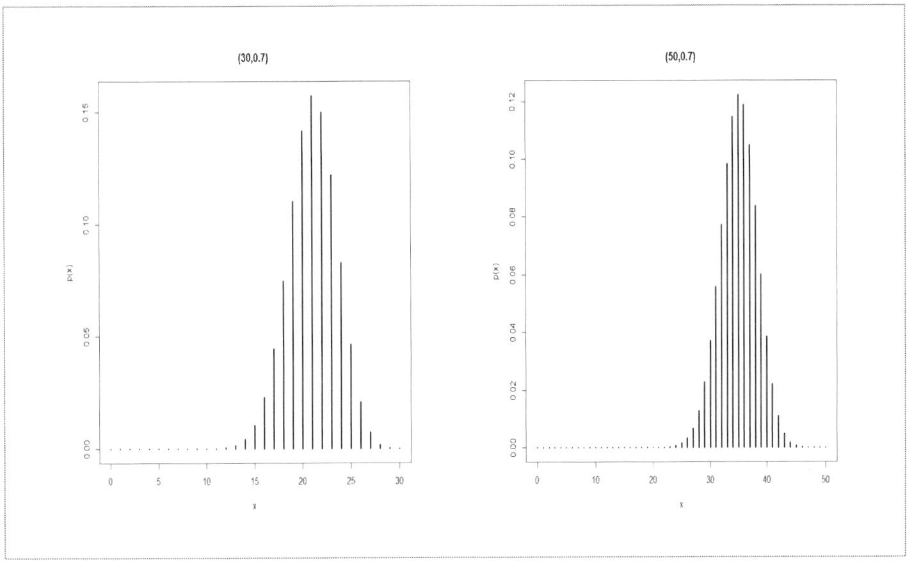

그림 5.2 시행횟수 n의 증가에 따른 이항확률분포의 정규분포로의 근사

예제 5.3.6

어떤 도시에서 지난 4년에 걸친 조사 결과 성인 전체의 30%가 정기적으로 알코올 성분의 음료를 마시는 것으로 나타났다고 하자. 다음의 물음에 대해 답하여라.

① 만약 현재도 이와 비슷한 비율이 유지된다면 1,000명의 성인 표본에서 알코올 성분의 음료를 마시는 사람의 수가 280명보다 작을 확률을 구하여라.

② 위에서 연속분포의 근사를 위한 연속성 수정, 즉 1/2의 가감을 고려하여 계산하면 근사확률은 어떻게 되겠는가?

풀이 $X \sim bin(1000, 0.3)$

① $P(X < 280) = P(X \le 279) = \sum_{k=0}^{279} \binom{1000}{k} 0.3^k 0.7^{1000-k}$

$= pbinom(279, 1000, 0.3) = 0.0778$

$$P(X \le 279) = P\left(\frac{X-300}{\sqrt{1000(0.3)(0.7)}} \le \frac{279-300}{\sqrt{210}}\right)$$

$\approx P(Z \le -1.449) = 0.0737$

② $P(X \le 279) = P(X \le 279.5) = P\left(\frac{X-300}{\sqrt{1000(0.3)(0.7)}} \le \frac{279.5-300}{\sqrt{210}}\right)$

$\approx P(Z \le -1.414634) = 0.0786$

연속성을 보정한 경우의 오차가 그렇지 않을 때보다 더 줄어든 것을 알 수 있다.

5.4 감마분포

감마분포를 다루기 전에 우선 감마함수에 대해 살펴보자.

● 감마함수

정의 $\Gamma(a) \equiv \int_0^\infty y^{a-1}e^{-y}dy$, 단, $a > 0$.

성질 $\Gamma(1) = 1$, $\Gamma(1/2) = \sqrt{\pi}$

$a > 1$이면 $\Gamma(a) = (a-1)\int_0^\infty y^{a-2}e^{-y}dy = (a-1)\Gamma(a-1)$

$$\because \Gamma(a) = \int_0^\infty y^{a-1}e^{-y}dy = -y^{a-1}e^{-y}\Big|_0^\infty + (a-1)\int_0^\infty y^{a-2}e^{-y}dy \ (\because \text{ 부분적분법사용})$$

$$= (a-1)\int_0^\infty y^{(a-1)-1}e^{-y}dy = (a-1)\Gamma(a-1)$$

만일 $a > 1$인 자연수이면, $\Gamma(a) = (a-1)!$이다.

스털링 공식: $\Gamma(x+1) \sim \left(\frac{x}{e}\right)^x \sqrt{2\pi x}$, $\quad as \ x \to \infty$.

● 감마확률변수

정의 확률변수 X의 확률밀도함수가 다음과 같을 때 모수가 $\alpha, \beta(\alpha > 0, \beta > 0)$인 감마분포를 따른다고 하며 $X \sim \Gamma(\alpha, \beta)$로 표기한다.

$$f(x) = \begin{cases} \dfrac{1}{\Gamma(\alpha)\beta^\alpha} x^{\alpha-1}e^{-x/\beta}, & x > 0 \\ 0 & , elsewhere. \end{cases}$$

또한, 다음의 증명에 의해 $f(x)$는 확률밀도함수의 조건 $\int_{-\infty}^{\infty} f(x)dx = 1$을 만족한다.

증명 $\Gamma(\alpha)$의 정의에서 $\beta > 0$에 대해 $y = x/\beta$로 치환하면 다음이 성립한다.

$$\Gamma(\alpha) = \int_0^\infty \left(\frac{x}{\beta}\right)^{\alpha-1} e^{-x/\beta}\left(\frac{1}{\beta}\right)dx = \int_0^\infty \frac{x^{\alpha-1}e^{-x/\beta}}{\beta^\alpha}dx$$

따라서 $\int_{-\infty}^{\infty} f(x;\alpha,\beta)dx = \int_0^\infty \frac{x^{\alpha-1}e^{-x/\beta}}{\Gamma(\alpha)\beta^\alpha}dx = 1$이다.

다음 그림은 α, β의 변화에 따른 감마확률변수의 pdf를 보여준다. β를 고정하고 α를 증가시키면 분포는 우측으로 이동하며 대칭에 가까운 형태를 취한다. 또한 α를 고정하고 β를 증가시키면 분포가 더 넓게 퍼짐을 알 수 있다. 이를 반영하여 α를 형태(shape) 모수, β를 척도(scale) 모수, $1/\beta$을 비율(rate) 모수라고 부른다.

```
# pdf of gamma rv
x=seq(0,20,by=0.05)
Par_a=c(1,2,3,5,7,9)
Par_b=c(2,2,2,1,1,1)
Gamma.pdf=matrix(0,nrow=length(x),ncol=6)

Gamma.pdf[,1]=dgamma(x,Par_a[1],Par_b[1])
plot(x,Gamma.pdf[,1],xlab="x",ylab="pdf",
     ylim=c(0,0.8),type="l",col=1, lwd=1.8,
     main="pdf of Gamma RV")
for (k in 2:6){
     Gamma.pdf[,k]=dgamma(x,Par_a[k],Par_b[k])
     lines(x,Gamma.pdf[,k],lty=1,col=k,lwd=1.8)
}
legend("topright", paste("a=",Par_a,", b=",Par_b, sep=""),
       col=1:6, lty=1)
```

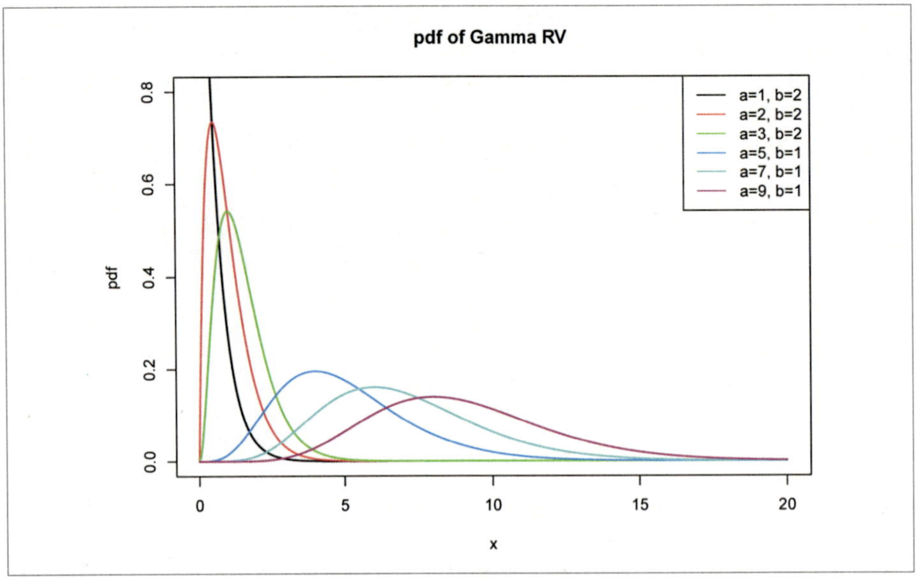

감마확률분포를 정의할 때 어떤 모수를 사용하여 정의하는지는 주로 분야마다 다르다. 계량경제학이나 대기시간을 모형화하는 응용 분야에서는 shape와 scale 모수를 주로 사용한다. 베이지안 통계학에서는 지수분포, 포아송 분포, 또는 감마 분포의 비율모수에 대한 공액사전(conjugate prior) 분포를 모형화할 때 shape와 scale의 역수인 rate 모수를 주로 사용한다.

감마분포의 특별한 경우로 평균이 β인 지수분포의 pdf는 $f(x:\beta)=\frac{1}{\beta}e^{-x/\beta}I_{(0,\infty)}(x)$로서 $\Gamma(1,\beta)$에 해당한다. 또한, 자유도가 양의 정수 α인 카이제곱분포 $\chi^2(\alpha)$는 $\Gamma(\alpha/2,2)$에 해당한다.

● 감마분포의 특성

▸ 확률변수 X가 $X\sim\Gamma(\alpha,\beta)$이면 $M_X(t)=(1-\beta t)^{-\alpha}$, 단, $t<1/\beta$이다.

증명

$$M(t)=E(e^{tX})=\int_{-\infty}^{\infty}e^{tx}f_X(x)dx=\int_0^{\infty}e^{tx}\frac{1}{\Gamma(\alpha)\beta^{\alpha}}x^{a-1}e^{-x/\beta}dx$$

$$=\int_0^{\infty}\frac{1}{\Gamma(\alpha)\beta^{\alpha}}x^{a-1}e^{-x(1-\beta t)/\beta}dx \qquad \because\ t<1/\beta$$

$$= \int_0^\infty \frac{\beta/(1-\beta t)}{\Gamma(\alpha)\beta^\alpha}\left(\frac{\beta y}{1-\beta t}\right)^{\alpha-1} e^{-y}dy \quad \because\ y = \frac{x(1-\beta t)}{\beta}$$

$$= \left(\frac{1}{1-\beta t}\right)^\alpha \int_0^\infty \frac{1}{\Gamma(\alpha)} y^{\alpha-1}e^{-y}dy$$

$$= \left(\frac{1}{1-\beta t}\right)^\alpha = (1-\beta t)^{-\alpha} \quad \because\ t < 1/\beta.$$

▸ 확률변수 X가 $X \sim \Gamma(\alpha,\beta)$이면 $E(X^m) = \dfrac{\beta^m \Gamma(\alpha+m)}{\Gamma(\alpha)}$이다.

증명 $$M^{(m)}(0) = E(X^m) = \int_0^\infty \frac{x^m x^{\alpha-1}e^{-x/\beta}}{\Gamma(\alpha)\beta^\alpha}dx = \int_0^\infty \frac{x^{m+\alpha-1}}{\Gamma(\alpha)\beta^\alpha}e^{-x/\beta}dx$$

$$= \int_0^\infty \frac{x^{m+\alpha-1}}{\Gamma(\alpha+m)\beta^{\alpha+m}}e^{-x/\beta}\left\{\beta^m \frac{\Gamma(\alpha+m)}{\Gamma(\alpha)}\right\}dx$$

$$= \frac{\beta^m \Gamma(\alpha+m)}{\Gamma(\alpha)} \text{ 또는 } \beta^m \alpha(\alpha+1)\cdots(\alpha+m-1).$$

▸ 확률변수 X가 $X \sim \Gamma(\alpha,\beta)$이면 $E(X) = \alpha\beta$이고 $Var(X) = \alpha\beta^2$이다.

증명 $$M'(t) = (-\alpha)(1-\beta t)^{-\alpha-1}(-\beta),$$

$$M''(t) = (-\alpha)(-\alpha-1)(1-\beta t)^{-\alpha-2}(-\beta)^2$$

$$E(X) = M'(0) = \alpha\beta$$

$$Var(X) = E(X^2) - E^2(X) = M''(0) - E^2(X) = \alpha(\alpha+1)\beta^2 - \alpha^2\beta^2 = \alpha\beta^2.$$

▸ 확률변수 X가 $X \sim \Gamma(\alpha,\beta)$이면 비대칭도(skewness) $\equiv \dfrac{E(X-\mu)^3}{\sigma^3} = \dfrac{2}{\sqrt{\alpha}}$이다.

증명 $$E(X-\mu)^3 = E(X^3 - 3X^2\mu + 3X\mu^2 - \mu^3)$$

$$= E(X^3) - 3\mu E(X^2) + 3\mu^2 E(X) - \mu^3$$

$$= \beta^3\alpha(\alpha+1)(\alpha+2) - 3(\alpha\beta)\{\beta^2\alpha(\alpha+1)\} - 2(\alpha\beta)^3 = 2\alpha\beta^3$$

$$\frac{E(X-\mu)^3}{\sigma^3} = \frac{E(X-\mu)^3}{(\sigma^2)^{3/2}} = \frac{2\alpha\beta^3}{(\alpha\beta^2)^{3/2}} = \frac{2}{\sqrt{\alpha}}.$$

▸ 확률변수 X가 $X \sim \Gamma(\alpha,\beta)$이면 $\kappa \equiv \dfrac{E(X-\mu)^4}{\sigma^4} = 3 + \dfrac{6}{\alpha}$이다.

증명 $E(X-\mu)^4 = E(X^4 - 4X^3\mu + 6X^2\mu^2 - 4X\mu^3 + \mu^4)$

$$= E(X^4) - 4\mu E(X^3) + 6\mu^2 E(X^2) - 4\mu^3 E(X) + \mu^4$$

$$= \beta^4\alpha(\alpha+1)(\alpha+2)(\alpha+3) - 4(\alpha\beta)\{\beta^3\alpha(\alpha+1)(\alpha+2)\}$$

$$+6(\alpha\beta)^2\{\beta^2\alpha(\alpha+1)\} - 3(\alpha\beta)^4 = 3\beta^4\alpha(\alpha+2)$$

$$\frac{E(X-\mu)^4}{\sigma^4} = \frac{E(X-\mu)^4}{(\sigma^2)^2} = \frac{3\beta^4\alpha(\alpha+2)}{(\alpha\beta^2)^2} = 3 + \frac{6}{\alpha}.$$

● 감마분포는 특정 사건의 대기시간과 관련된 확률모형에 사용된다.

정리 모수 α가 양의 정수 n이고 $\beta = 1/\lambda$일 때 $\Gamma(\alpha = n, \beta = 1/\lambda)$분포는 총 n번의 사건이 발생할 때까지 기다린 시간에 대한 확률분포모형이다.

증명 구간 $[0, t]$에서 발생한 사건의 수를 $N(t)$라고 정의하면 $N(t) \sim P(\lambda t)$이다. 또한, W_n을 n번째 사건이 발생할 때까지 기다린 시간으로 정의하면 W_n과 $N(t)$는 $W_n \le t \Leftrightarrow N(t) \ge n$이 성립한다. 따라서 다음 식이 성립한다.

$$P\{W_n \le t\} = P\{N(t) \ge n\} = \Sigma_{j=n}^{\infty} P\{N(t) = j\} = \Sigma_{j=n}^{\infty} \frac{e^{-\lambda t}(\lambda t)^j}{j!}.$$

W_n의 확률밀도함수는 다음과 같다.

$$f_{W_n}(t) = \frac{d}{dt} F_{W_n}(t) = \frac{d}{dt}\left(\Sigma_{j=n}^{\infty} \frac{e^{-\lambda t}(\lambda t)^j}{j!}\right)$$

$$= \Sigma_{j=n}^{\infty} \frac{e^{-\lambda t} j(\lambda t)^{j-1}\lambda}{j!} - \Sigma_{j=n}^{\infty} \frac{\lambda e^{-\lambda t}(\lambda t)^j}{j!}$$

$$= \Sigma_{j=n}^{\infty} \frac{\lambda e^{-\lambda t}(\lambda t)^{j-1}}{(j-1)!} - \Sigma_{j=n}^{\infty} \frac{\lambda e^{-\lambda t}(\lambda t)^j}{j!}$$

$$= \frac{\lambda e^{-\lambda t}(\lambda t)^{n-1}}{(n-1)!} = \frac{\lambda^n t^{n-1} e^{-\lambda t}}{\Gamma(n)} \sim \Gamma(n, 1/\lambda)\text{의 pdf.}$$

$\therefore\ W_n \sim \Gamma(n, 1/\lambda)$.

만약 대기시간 W의 분포가 $\Gamma(k,1/\lambda)$이면 $E(W)=k/\lambda$이다. 여기서 λ가 비율 모수로 정의되었기 때문에 λ는 단위 시간당 사건의 평균 발생 횟수를 나타내며 역수인 $1/\lambda$는 1회 사건이 발생할 때까지 기다리는 평균시간을 의미한다. 예를 들어, 평균 30분마다 사건이 1회 발생한다면 $1/\lambda=30$분이므로 $\lambda=1/30(\text{min})=1/0.5(hr)=2/1(\text{hr})$이 되어 한 시간에 평균 2회의 사건이 발생함을 알 수 있다. 또한, k/λ는 사건이 k회 발생할 때까지 기다리는 평균 시간에 해당하므로 $k=1$이면 W=최초의 사건이 일어날 때까지 기다리는 시간이 된다. 즉, 1회의 사건이 일어날 때까지 기대되는 대기시간은 $E(W)=1/\lambda$이다.

지수확률변수의 무기억성(memoryless property)

어떤 확률변수 X가 다음 식을 만족하면 무기억성(memoryless property)를 갖는다고 한다.

$$P(X>s+t|X>t)=P(X>s)$$

어떤 기계의 수명을 X라고 할 때 무기억성에 의하면 이 기계가 이미 t시간 동안 작동했다는 조건에서 적어도 $s+t$시간, 즉 추가로 s시간 더 작동할 확률은 기계가 처음부터 적어도 s시간 작동할 확률과 같다. 기계를 이미 t시간 사용했음에도 불구하고 해당 기계가 앞으로 작동될 잔여 수명의 분포는 처음으로 사용하는 새 기계의 수명분포와 같다. 즉, 이 기계는 지금까지 사용해왔다는 사실을 기억하지 못한다.

무기억성은 다음과 같이 표현할 수도 있다.

$$P(X>s+t)=P(X>s)P(X>t)$$

$$\because\ P(X>s+t|X>t)=\frac{P(X>s+t,\ X>t)}{P(X>t)}\text{이므로}$$

$$P(X>s+t|X>t)=P(X>s)\ \Rightarrow\ P(X>s+t)=P(X>s)P(X>t).$$

예제 5.4.1

$X \sim \Gamma(1,1/\lambda)$이면, 즉 평균이 $1/\lambda$인 지수확률변수이면 무기억성을 갖는다.

풀이 $P(X>s)=\int_s^\infty \lambda e^{-\lambda x}dx=-e^{-\lambda x}|_s^\infty=e^{-\lambda s}$

$P(X>s+t)=e^{-\lambda(s+t)}=e^{-\lambda s}e^{-\lambda t}=P(X>s)P(X>t).$

5.5 카이제곱분포

카이제곱분포(chi-square distribution)는 감마분포의 특별한 경우로 자연수 n에 대해 $\Gamma(n/2,\ 2)$인 분포이다. 여기서 모수 n을 카이제곱분포의 자유도(degree of freedom)라고 부른다. 자유도가 n인 카이제곱 확률변수의 확률밀도함수는 다음과 같다.

$$f(x)=\begin{cases} \frac{1}{\Gamma(n/2)2^{n/2}}x^{n/2-1}e^{x/2}, & x>0 \\ 0 & , elsewhere \end{cases}$$

확률변수 X가 자유도가 n인 카이제곱분포를 따르면 $X \sim \chi^2(n)$으로 표기한다.

▸ $X \sim \chi^2(n)$의 적률생성함수는 감마분포의 특별한 경우로 다음과 같다.

$$M(t)=(1-2t)^{-r/2},\ \text{단},\ t<1/2\text{이다.}$$

▸ $X \sim \chi^2(n)$의 적률은 다음과 같다.

$$E(X^k)=\frac{2^k\Gamma(n/2+k)}{\Gamma(n/2)},\ \ k>-n/2$$

증명 $E(X^k) = \int_0^\infty \frac{1}{\Gamma(n/2)2^{n/2}} x^{(n/2)+k-1} e^{-x/2} dx$

$$= \int_0^\infty \frac{2^{(n/2)+k-1}}{\Gamma(n/2)2^{(n/2)-1}} u^{(n/2)+k-1} e^{-u} du \quad (\because\ u = x/2)$$

$$= \frac{2^k \Gamma(n/2+k)}{\Gamma(n/2)} \int_0^\infty \frac{u^{(n/2)+k-1} e^{-u}}{\Gamma(n/2+k)} du \quad \text{단, } k > -(n/2)$$

$$= \frac{2^k \Gamma(n/2+k)}{\Gamma(n/2)}$$

▸ $X \sim \chi^2(n)$의 평균과 분산은 $E(X) = n$, $Var(X) = 2n$이다.

증명 $E(X) = \alpha\beta = (n/2)2 = n$, $Var(X) = \alpha\beta^2 = (n/2)4 = 2n$.

▸ $X \sim \Gamma(n/2, \beta)$ (단, n=자연수, $\beta > 0$)이면 $Y = 2X/\beta \sim \chi^2(n)$이다.

증명 $y \le 0$이면 $P(Y \le y) = 0$.

$y > 0$이라고 하자.

$$G(y) \equiv P(Y \le y) = P(X \le \beta y/2) = \int_0^{\beta y/2} \frac{1}{\Gamma(n/2)\beta^{n/2}} x^{n/2-1} e^{-x/\beta} dx.$$

미적분의 기본 정리를 이용하면 Y의 pdf는 다음과 같다.

$$g(y) = \frac{d}{dy} G(y) = \frac{d}{d(\beta y/2)} G(y) \times \frac{d}{dy}(\beta y/2) = \frac{(\beta y/2)^{n/2-1} e^{-y/2}}{\Gamma(n/2)\beta^{n/2}} \cdot \beta/2$$

$$= \frac{1}{\Gamma(n/2)2^{n/2}} y^{n/2-1} e^{-y/2} \sim \Gamma(n/2, 2)$$

$\therefore\ Y \sim \chi^2(n)$.

5.6 베타분포

확률분포함수

확률변수 X의 확률밀도함수가 다음과 같을 때 모수가 α, β인 베타분포(Beta Distribution)를 따른다고 하며 $X \sim \text{Beta}(\alpha, \beta)$로 표기한다.

$$f(x) = \begin{cases} \dfrac{x^{\alpha-1}(1-x)^{\beta-1}}{B(\alpha,\beta)}, & 0 < x < 1 \\ 0\ , & elsewhere \end{cases},$$

$$\text{단, } B(\alpha,\beta) \equiv \int_0^1 x^{\alpha-1}(1-x)^{\beta-1}dx.$$

베타함수 $B(\alpha, \beta)$는 감마함수로 다음과 같이 표현할 수 있다.

$$B(\alpha, \beta) = \frac{\Gamma(\alpha)\Gamma(\beta)}{\Gamma(\alpha+\beta)}.$$

증명

$$\Gamma(a)\Gamma(b) = \left(\int_0^\infty x^{a-1}e^{-x}dx\right)\left(\int_0^\infty y^{b-1}e^{-y}dy\right)$$

$$= \int_0^\infty \int_0^\infty x^{a-1}y^{b-1}e^{-(x+y)}dxdy$$

변수변환: $x = uv,\ y = u(1-v)$

적분 구간의 변화: $u = x+y,\ v = x/(x+y) \Rightarrow u = (0, \infty),\ v = (0,1)$

변환에 따른 팽창계수: $J = \begin{vmatrix} \dfrac{\partial x}{\partial u} & \dfrac{\partial x}{\partial v} \\ \dfrac{\partial y}{\partial u} & \dfrac{\partial y}{\partial v} \end{vmatrix} = \begin{vmatrix} v & u \\ 1-v & -u \end{vmatrix} = -u$

$$\Gamma(a)\Gamma(b) = \int_0^\infty \int_0^\infty x^{a-1}y^{b-1}e^{-(x+y)}dxdy$$

$$= \int_0^1 \int_0^\infty (uv)^{a-1}[u(1-v)]^{b-1}e^{-u}|-u|du\,dv$$

$$= \int_0^1 \int_0^\infty u^{a+b-1}v^{a-1}(1-v)^{b-1}e^{-u}du\,dv$$

$$=\left(\int_0^1 v^{a-1}(1-v)^{b-1}dv\right)\left(\int_0^\infty u^{a+b-1}e^{-u}du\right)$$

$$=B(a,b)\Gamma(a+b)$$

$$\therefore\ B(\alpha,\ \beta)=\frac{\Gamma(\alpha)\Gamma(\beta)}{\Gamma(\alpha+\beta)}.$$

▸ $X\sim \text{Beta}(\alpha,\beta)$분포는 모수의 대소관계에 따라 다음과 같은 특징을 갖는다.

① $\alpha<\beta$: 왼쪽(lower half)에 가중치가 더 주어짐. 즉, 오른쪽 꼬리가 더 길다.

② $\alpha>\beta$: 오른쪽(upper half)에 더 많은 가중치. 즉, 왼쪽 꼬리가 더 길다.

③ $\alpha=\beta$: 대칭인 분포

④ $\text{mode}(X)=\dfrac{\alpha-1}{\alpha+\beta-2}\ (\alpha>1,\ \beta>1)$ (연습문제 참고)

▸ $X\sim \text{Beta}(\alpha,\beta)$이면 $E(X)=\dfrac{\alpha}{\alpha+\beta}$이고 $Var(X)=\dfrac{\alpha\beta}{(\alpha+\beta)^2(\alpha+\beta+1)}$이다.

증명 $$E(X^n)=\frac{1}{B(\alpha,\beta)}\int_0^1 x^n[x^{\alpha-1}(1-x)^{\beta-1}]dx$$

$$=\frac{1}{B(\alpha,\beta)}\int_0^1 x^{n+\alpha-1}(1-x)^{\beta-1}dx=\frac{B(\alpha+n,\beta)}{B(\alpha,\beta)}$$

$$E(X)=\frac{B(\alpha+1,\beta)}{B(\alpha,\beta)}$$

$$=\frac{\Gamma(\alpha+1)\Gamma(\beta)}{\Gamma(\alpha+\beta+1)}\times\frac{\Gamma(\alpha+\beta)}{\Gamma(\alpha)\Gamma(\beta)}$$

$$=\frac{\alpha\Gamma(\alpha)}{(\alpha+\beta)\Gamma(\alpha+\beta)}\times\frac{\Gamma(\alpha+\beta)}{\Gamma(\alpha)\Gamma(\beta)}=\frac{\alpha}{\alpha+\beta}$$

$$Var(X)=E(X^2)-E^2(X)=\frac{\alpha\beta}{(\alpha+\beta)^2(\alpha+\beta+1)}$$

$\Rightarrow$ α와 β가 주어지면 베타확률변수의 분산은 평균에 비례한다.

▸ $\text{Beta}(\alpha=1,\beta=1)\ =U(0,1)$

▸ 베타분포에서 최빈값(mode)$=0.5$이면 대칭인 분포이다.

증명 최빈값$=\dfrac{\alpha-1}{\alpha+\beta-2}=0.5$

$$\Rightarrow 0.5\alpha+0.5\beta-1=\alpha-1 \Rightarrow 0.5\alpha=0.5\beta \Rightarrow \alpha=\beta$$

$$\text{평균}=\frac{\alpha}{\alpha+\beta}=\frac{1}{2}=\text{최빈값} \Rightarrow \text{대칭인 분포}$$

▸ 모드 $\gamma[\in(0,1)]$가 주어지면 베타분포의 두 모수 중 한 모수는 다른 모수의 함수로 표현된다.

$$\gamma=\frac{\alpha-1}{\alpha+\beta-2} \Rightarrow \gamma\alpha+\gamma\beta-2\gamma=\alpha-1 \quad \Rightarrow (1-\gamma)\alpha=\gamma\beta-2\gamma+1$$

$$\therefore\ \alpha=\frac{\gamma\beta-2\gamma+1}{1-\gamma}=\frac{\gamma}{1-\gamma}\beta-\frac{2\gamma-1}{1-\gamma}=\frac{\gamma}{1-\gamma}(\beta-1)+1$$

$$\beta=\frac{1-\gamma}{\gamma}\alpha-\frac{1-2\gamma}{\gamma}=\frac{1-\gamma}{\gamma}(\alpha-1)+1 \ (\because\ \gamma \Leftrightarrow 1-\gamma)$$

지금까지 우리는 세 종류의 베타에 대해서 다루었다. 첫째 $\mathrm{Beta}(\alpha,\beta)$는 확률분포의 이름을 나타내며, 둘째 $B(a,b)$는 $\int_0^1 x^{a-1}(1-x)^{b-1}dx$로 정의되며 베타분포의 분모에 나타나는 베타함수의 이름이고, 마지막으로 β는 그리스 문자로서 베타 확률밀도함수의 두 번째 모수의 이름이다.

5.7 위험률 또는 고장률함수

● 위험률 함수

양의 값을 갖는 확률변수 T의 확률밀도함수와 분포함수가 각각 $f(t)$와 $F(t)$일 때 확률변수 T의 고장률함수(failure rate function) 또는 위험률함수(hazard rate function) $\lambda(t)$를 다음과 같이 정의한다.

$$\lambda(t)=\frac{f(t)}{1-F(t)},\quad t\ge 0$$

$\lambda(t)$의 의미를 이해하기 위해 T가 어떤 제품의 수명(lifetime of some item)을 나

타낸다고 하자. 만약 이 제품이 t시간 동안 작동했다는 가정하에 앞으로 dt시간 이내에 고장날 조건부확률은 다음과 같다.

$$P(T \in (t, t+dt) \mid T > t) = \frac{P(T \in (t, t+dt), T > t)}{P(T > t)} = \frac{P(T \in (t, t+dt))}{P(T > t)}$$

$$\approx \frac{f(t)dt}{1 - P(T \le t)} = \frac{f(t)}{1 - F(t)} dt = \lambda(t)dt.$$

즉, $\lambda(t)$는 t시간 사용한 제품이 고장 날 조건부확률의 강도(the conditional probability intensity)를 나타낸다. 만약 $\lambda(t)$가 증가함수라면 오래 사용한 제품일수록 고장이 날 확률이 크다는 것을 의미하며, 반대로 $\lambda(t)$가 감소함수라면 오래 사용한 제품일수록 고장날 확률이 작다는 것을 의미한다.

● 생존함수

T가 어떤 제품의 수명을 나타낼 때 $P(T > t)$는 제품의 수명이 t보다 클 확률로 생존함수라고 부른다. 즉, 생존함수(Survival function)는 다음과 같이 정의된다.

$$S(t) = P(T > t) = 1 - F(t)$$

생존함수와 위험률 사이에는 다음 관계가 성립한다.

$$\lambda(t) = \frac{f(t)}{1 - F(t)} = \frac{-dS(t)/dt}{S(t)} = -\frac{d\log S(t)}{dt}$$

따라서 다음 식이 성립한다.

$$\int_0^t \lambda(w)dw = -\log S(t) \Rightarrow S(t) = \exp\left(-\int_0^t \lambda(w)dw\right) = \exp\{-\Lambda(t)\}$$

여기서 $\Lambda(t) = \int_0^t \lambda(w)dw = -\log S(t)$를 누적 위험함수라고 한다.

● **위험률 함수는 다음 식에 의해 분포함수를 유일하게 결정함을 알 수 있다.**

$$S(t) = \exp\left(-\int_0^t \lambda(w)dw\right)$$

$$\Rightarrow S(t) = 1 - F(t) \Rightarrow F(t) = 1 - \exp\left(-\int_0^t \lambda(w)dw\right).$$

예제 5.7.1

수명분포가 지수분포일 때 위험률함수가 상수임을 보여라.

풀이 T가 평균이 $1/\lambda$인 지수분포이면 $f(t) = \lambda e^{-\lambda t} 1_{(0,\infty)}(t)$이므로 다음이 성립한다.

$$\lambda(t) = \frac{f(t)}{1-F(t)} = \frac{\lambda e^{-\lambda t}}{e^{-\lambda t}} = \lambda$$

지수분포의 무기억성에 의해 t시간 사용한 제품의 잔여 수명분포는 새로운 제품의 수명분포와 동일하기 때문에, 고장률은 언제나 같은 값을 가진다. 따라서 $\lambda(t)$는 상수가 되며 이 상수는 단위 시간당 평균 고장 발생 횟수이다.

예제 5.7.2

'연령별 흡연자의 사망률(death rate)이 비흡연자보다 2배 높다'라는 말을 할 때 이 말의 의미는 어떤 연령대의 비흡연자가 동 연배의 흡연자보다 주어진 기간 동안 생존할 확률이 2배 높다는 의미인가? 아니면 다른 의미인가?

풀이 $\lambda_S(t)$와 $\lambda_N(t)$를 각각 나이가 t인 흡연자와 비흡연자의 위험률이라 하자. 위의 표현이 의미하는 것은 $\lambda_S(t) = 2\lambda_N(t)$이므로 나이가 A인 비흡연자가 $B(> A)$세까지 생존할 확률은 다음과 같다.

$P(A$세인 비흡연자가 B세까지 생존$)$

$= P($비흡연자의 수명 $> B \mid$ 비흡연자의 수명 $> A)$

$$= \frac{1-F_N(B)}{1-F_N(A)} = \frac{\exp\left\{-\int_0^B \lambda_N(t)dt\right\}}{\exp\left\{-\int_0^A \lambda_N(t)dt\right\}} = \exp\left\{-\int_A^B \lambda_N(t)dt\right\}$$

마찬가지로 나이가 A인 흡연자가 $B(> A)$세까지 생존할 확률은 다음과 같다.

$$\begin{aligned} &P(A\text{세인 흡연자가 }B\text{세까지 생존}) \\ &= \exp\left\{-\int_A^B \lambda_S(t)dt\right\} \\ &= \exp\left\{-2\int_A^B \lambda_N(t)dt\right\} \\ &= \left[\exp\left\{-\int_A^B \lambda_N(t)dt\right\}\right]^2 \end{aligned}$$

따라서 동년배의 흡연자와 비흡연자에 대해 흡연자가 주어진 나이까지 생존할 확률은 비흡연자의 해당 확률의 반이 아니라 제곱이 된다.

예를 들어, $\lambda_N(t) = 1/30,\ 50 \le t \le 60$이라면 50세인 비흡연자가 60세까지 생존할 확률은 $e^{-1/3} \approx 0.7165$이고 50세인 흡연자가 60세까지 생존할 확률: $e^{-2/3} \approx 0.5143$이다.

연습문제

1 음이 아닌 확률변수 Y에 대하여 $E(Y)=\int_0^\infty P(Y>y)dy$임을 보여라.

2 $X\sim U(1,2)$일 때 $P(X>a+\mu_X)=1/4$를 만족하는 a를 구하여라.

3 $X\sim U(a,b)$일 때 $E(X)=(a+b)/2$, $Var(X)=\frac{(b-a)^2}{12}$임을 보여라.

4 $X\sim N(\mu,\sigma^2)$일 때 표준정규분포의 적률을 이용하여 정규확률변수의 적률을 구하여라.

5 **확률변수 X가 $bin(150, 0.6)$일 때 다음의 확률을 근사적으로 구하라.**

① 확률변수 X가 82 이상 101 이하일 확률을 구하여라.

② 확률변수 X가 97보다 클 확률을 구하여라.

6 **확률변수 X의 적률이 $E(X^m) = 3^m(m+3)!/3!$일 때 X의 분포를 구하여라.**

7 **확률변수 X가 $X \sim \text{Beta}(\alpha, \beta)$ (단, $\alpha > 1$, $\beta > 1$)이면 최빈값이 다음과 같음을 증명하라.**

$$\text{mode}(X) = \frac{\alpha - 1}{\alpha + \beta - 2}$$

8 **확률변수 X가 $X \sim \Gamma(\alpha, \beta)$이면 $Y = 2X/\beta \sim \chi^2(2\alpha)$임을 보여라.**

연습문제

9 확률변수 X가 $X \sim \Gamma(4,2)$일 때 다음 확률변수들의 분포를 구하여라.

① $Y = X/2$

② $Y = 5X$

③ $Y = 2X$

10 X_1, X_2, X_3이 $N(0,3)$에서 추출된 확률표본일 때 $Y = 2X_1^2 + 2X_2^2 + 2X_3^2$의 분포를 구하여라.

11 고장률함수가 $\lambda(t) = a + bt$일 때 수명분포는 어떤 분포를 따르는가?

6장

이변량 확률변수

실제 삶에서 일어나는 일들은 하나의 사건이 아니라 여러 사건이 결합되어 발생한다. 우리가 어떤 일을 성공적으로 처리한 경우를 보더라도 다양한 요소가 결합되어 그 일이 성공적으로 끝난 것을 볼 수 있다. 중간시험에서 받은 성적은 분명 전날 몇 시까지 공부했는지와 관계가 있을 것이며, 대미 환율과 코스피지수, 이자율과 부동산가격 등도 서로 긴밀하게 관련되어 있음을 알 수 있다. 본 절에서는 두 확률변수의 행태와 관련하여 결합 확률분포함수, 주변 확률분포함수 및 조건부 확률분포함수 그리고 독립 등의 개념을 확률변수가 취하는 값에 따라 이산형과 연속형으로 구분하여 살펴본다.

6.1 결합분포함수

정의 (확률벡터) 표본공간이 S인 확률실험에서 표본공간의 각 원소에 오직 하나의 순서쌍으로 값을 할당할 때, 즉 $\forall\,\omega \in S,\ X(\omega)=x, Y(\omega)=y$일 때, 한 쌍의 두 확률변수 (X, Y)를 확률벡터(random vector)라고 한다. 여기서 확률벡터 (X, Y)의 공간은 순서쌍 $D=\{(x,y) : X(\omega)=x,\ Y(\omega)=y,\ \omega \in S\}$이다. 또한 두 확률변수가 동시에 서로 연관되어 움직이는 행태를 규정하는 확률분포를 결합확률분포(joint probability distribution)라고 한다.

● 이산형 확률벡터

① 결합확률질량함수

정의 확률벡터 (X, Y)의 공간 D가 유한이거나 가산무한일 때 즉, X와 Y가 모두 이산형일 때 해당 결합확률분포를 결합확률질량함수(joint probability mass function)라고 하며 다음과 같이 정의한다.

$$\forall\,(x_i, y_j) \in D,\quad p_{X,Y}(x_i, y_j) = P(X=x_i,\, Y=y_j)$$

확률변수 X와 Y가 취하는 값이 각각 $x_1,\cdots,x_m$과 $y_1,\cdots,y_n$이면 두 확률변수의 결합확률분포는 모든 $1 \le i \le m,\ 1 \le j \le n$에 대하여 $p(x_i,y_j) = P[X = x_i, Y = y_i]$를 구함으로써 다음과 같이 표현한다.

X \ Y	y_1	y_2	$\cdots$	y_n
x_1	$p(x_1,y_1)$	$p(x_1,y_2)$	$\cdots$	$p(x_1,y_n)$
x_2	$p(x_2,y_1)$	$p(x_2,y_2)$	$\cdots$	$p(x_2,y_n)$
$\vdots$	$\vdots$	$\vdots$	$\vdots$	$\vdots$
x_m	$p(x_m,y_1)$	$p(x_m,y_2)$	$\cdots$	$p(x_m,y_n)$

결합확률질량함수는 다음 성질을 갖는다.

- $0 \le p_{X,Y}(x_i,y_j) \le 1$,
- $\sum_i \sum_j p_{X,Y}(x_i,y_j) = 1$
- $B \subset D$에 대하여 $P[(X,Y) \in B] = \sum\sum_B p_{X,Y}(x_i,y_j)$

예제 6.1.1

하나의 동전을 세 번 던지는 실험에서 처음 두 번 던지고 난 후 앞면의 개수를 X, 세 번 모두 던지고 난 후 앞면의 개수를 Y라고 할 때 X와 Y의 결합확률질량함수를 구하여라.

풀이 해당 확률실험에 대한 표본공간은 $S=\{(TTT),(TTH),(THT),...,(HHT),\}$ (HHH)이므로 각 결과에 대응되는 확률벡터의 값은 다음과 같다.

S	(TTT)	(TTH)	(THT)	(THH)	(HTT)	(HTH)	(HHT)	(HHH)
(X,Y)	(0,0)	(0,1)	(1,1)	(1,2)	(1,1)	(1,2)	(2,2)	(2,3)

따라서 (X,Y)의 치역은 $D=\{(0,0),(0,1),(1,1),(1,2),(2,2),(2,3)\}$이며 각 원소에 대한 결합확률질량함수는 다음과 같다.

결합확률질량함수 $P_{X,Y}(x,y)$

		Y			
X		0	1	2	3
	0	1/8	1/8	0	0
	1	0	2/8	2/8	0
	2	0	0	1/8	1/8

② 주변확률분포

정의 두 확률변수가 주어졌을 때 특정 확률변수의 확률질량함수는 해당 확률변수의 고정된 값에 대하여 다른 확률변수가 취하는 모든 값에 대한 결합확률들의 합을 계산하여 구할 수 있다. 그러므로 각각의 확률질량함수는 결합확률질량함수 표의 행과 열의 끝자리에 나타나 있기 때문에 이를 주변 확률질량함수라고 부른다. 즉, 주변확률질량함수는 다음과 같다.

$$p_X(x) \equiv P(X=x) = \sum_y P(X=x, Y=y), \ \ x \in S_X$$

$$p_Y(y) \equiv P(Y=y) = \sum_x P(X=x, Y=y), \ \ y \in S_Y$$

③ 조건부확률분포

참고로 임의의 두 사건 A와 B에 대해 B가 주어졌을 때 사건 A의 조건부 확률을 다음과 같이 정의하였다.

$$P(A|B) = \frac{P(A \cap B)}{P(B)}, \text{ 단 } P(B) > 0$$

정의 두 이산확률변수 X와 Y에 대하여 $Y=y$가 주어졌을 때 X의 조건부 확률질량함수는 $p_Y(y) > 0$인 모든 y에 대하여 다음과 같이 정의한다.

$$p_{X|Y}(x|y) = P(X=x \mid Y=y) = \frac{P(X=x, Y=y)}{P(Y=y)} = \frac{p(x,y)}{p_Y(y)}, \text{ 단 } p_Y(y) > 0$$

$p_{X|Y}(x|y)$은 다음과 같은 성질을 갖는다.

- $p_{X|Y}(x|y) \geq 0$
- $\Sigma_y \, p_{Y|X}(y|x) = 1$

$$\because \ \Sigma_y \frac{p_{X,Y}(x,y)}{p_X(x)} = \frac{1}{p_X(x)} \Sigma_y \, p_{X,Y}(x,y) = \frac{p_X(x)}{p_X(x)} = 1$$

$Y = y$가 주어졌을 때 X의 조건부 누적확률분포함수는 $p_Y(y) > 0$인 모든 y에 대하여 다음과 같이 정의한다.

$$F_{X|Y}(x|y) = P(X \leq x \,|\, Y = y) = \Sigma_{s \leq x} \, p_{X|Y}(s|y), \text{ 단 } p_Y(y) > 0$$

예제 6.1.2

대학 졸업 후 직장을 얻는 데는 많은 요소가 작용한다. 그중 경제적인 상황과 직장을 잡기까지의 구직면접횟수는 많은 관련이 있을 것이다. 일반적으로 경기가 좋으면 직장을 얻을 기회가 더 많을 것이고 반대 상황에는 구직기회가 더 줄어들기 때문이다. 따라서 경기 상태와 구직면접횟수를 확률변수로 하는 결합확률분포를 고려할 수 있다. 다음은 대학생들이 졸업 후 취업할 때까지 구직을 위해 참여한 면접횟수를 경기 상황과 관련시킨 결합확률분포이다.

		X=면접횟수			
		1	2	3	4이상
Y=경기	나쁨	0.01	0.03	0.03	0.08
	평균	0.05	0.05	0.12	0.12
	좋음	0.20	0.18	0.08	0.05

① 어떤 학생이 면접을 1회 하고 경기가 좋을 확률을 구하여라.

풀이 $P(X = 1, Y = \text{좋음}) = 0.2$

② 학생이 3회 이하의 면접을 하고 경기가 좋을 확률을 구하여라.

풀이 $P(X \leq 3, \text{경기가 좋음})$

$= P(X = 1, \text{경기가 좋음}) + P(X = 2, \text{경기가 좋음}) + P(X = 3, \text{경기가 좋음})$

$= 0.20 + 0.18 + 0.08 = 0.46$

③ 학생의 구직면접 횟수가 3회를 초과할 확률을 구하여라.

풀이 $P(X>3)=P(X\geq 4)=\sum_y P(X\geq 4, Y=y)$

$=P(X\geq 4, Y=\text{나쁨})+P(X\geq 4, Y=\text{평균})+P(X\geq 4, Y=\text{좋음})$

$=0.08+0.12+0.05=0.25$

④ 경기가 좋을 확률을 구하여라.

풀이 $P(Y=\text{좋음})=\sum_x P(X=x, Y=\text{좋음})$

$=P(X=1, Y=\text{좋음})+P(X=2, Y=\text{좋음})+P(X=3, Y=\text{좋음})+P(X\geq 4, Y=\text{좋음})$

$=0.20+0.18+0.08+0.05=0.51$

⑤ 경기가 좋을 때 구직면접을 1회 할 확률을 구하여라.

풀이 $P(X=1 \mid Y=\text{좋음})=\dfrac{P(X=1, Y=\text{좋음})}{P(Y=\text{좋음})}=\dfrac{0.2}{0.51}=0.3922$

● 연속형 확률벡터

① 결합누적확률분포함수

정의 확률변수 X와 Y가 임의의 구간 내의 모든 값을 취할 때 확률벡터 (X, Y)의 누적분포함수 $F_{X,Y}(x,y)$는 다음과 같이 정의할 수 있다.

$$\forall\,(x,y)\in R^2\quad F_{X,Y}(x,y)=\int_{-\infty}^{x}\int_{-\infty}^{y} f_{X,Y}(u,v)\,du\,dv$$

② 결합확률밀도함수

정의 위의 결합누적확률분포함수의 정의에서 피적분함수 $f_{X,Y}(x,y)$을 확률변수 X와 Y의 결합확률밀도함수(joint probability density function)라고 한다. 또한, $f_{X,Y}(x,y)$가 연속인 점에서는 다음과 같이 결합확률누적분포함수에서 미분을 취하여 결합확률밀도함수를 구할 수 있다.

$$\frac{\partial^2 F_{X,Y}(x,y)}{\partial x \partial y} = f_{X,Y}(x,y)$$

결합확률밀도함수는 다음의 성질을 갖는다.

- $f_{X,Y}(x,y) \geq 0$
- $\iint_D f_{X,Y}(x,y)dxdx = 1$
- $B \subset D$에 대하여 $P[(X,Y) \in B] = \iint_B f_{X,Y}(x,y)dxdx$

③ 주변확률분포

정의 $\{X \leq x\} \equiv \{X \leq x\} \cap \{Y < -\infty\}$임을 이용하여 결합확률밀도함수로부터 다음과 같이 각 확률변수의 주변확률밀도함수(marginal probability density function)와 주변누적확률분포함수(marginal cumulative proability function)를 정의할 수 있다.

$$f_X(x) = \int_{-\infty}^{\infty} f_{X,Y}(x,y)dy$$

$$F_X(x) = \int_{-\infty}^{x} f_X(u)\,du = \int_{-\infty}^{x}\left\{\int_{-\infty}^{\infty} f_{X,Y}(u,v)dv\right\}du$$
$$= \int_{-\infty}^{x}\int_{-\infty}^{\infty} f_{X,Y}(u,v)du\,dv = \lim_{y\to\infty} F(x,y)$$

$$f_Y(y) = \int_{-\infty}^{\infty} f_{X,Y}(x,y)dx$$

$$F_Y(y) = \int_{-\infty}^{y} f_Y(v)\,dv = \int_{-\infty}^{y}\left\{\int_{-\infty}^{\infty} f_{X,Y}(u,v)du\right\}dv$$
$$= \int_{-\infty}^{y}\int_{-\infty}^{\infty} f_{X,Y}(u,v)du\,dv = \lim_{x\to\infty} F(x,y)$$

④ 조건부확률분포

연속형확률변수 $X=x$가 주어졌을 때 연속형 확률변수 Y의 조건부 확률밀도함수는 다음과 같이 정의한다.

$$f_{Y|X}(y|x) = \frac{f_{X,Y}(x,y)}{f_X(x)},\ f_Y(y) > 0.$$

또한, $X=x$이 주어졌을 때 $a<Y<b$의 조건부확률은 다음과 같다.

$$P(a<Y<b|X=x)=\int_a^b f_{Y|X}(y|x)dy \quad (\text{주의! } x\text{의 함수})$$

예제 6.1.3

확률변수 X와 Y의 결합확률밀도함수가 $f(x,y)=(x+y)1_{\{(0,1)\times(0,1)\}}(x,y)$ 일 때 다음 확률을 구하여라.

① X와 Y의 주변 pdf를 각각 구하여라.

풀이 $f_X(x)=\int_{-\infty}^{\infty} f_{X,Y}(x,y)dy=\begin{cases}\int_0^1 (x+y)dy=x+1/2 & 0<x<1\\ 0 & \text{그 외에}\end{cases}$

$f_Y(y)=\int_{-\infty}^{\infty} f_{X,Y}(x,y)dx=\begin{cases}\int_0^1 (x+y)dx=1/2+y & 0<y<1\\ 0 & \text{그 외에}\end{cases}$

② $P(X\le 1/2)$을 구하여라.

풀이 • $P(X\le 1/2)=P(X\le 1/2,\ -\infty<Y<\infty)$

$=\int_{-\infty}^{1/2}\int_{-\infty}^{\infty} f_{X,Y}(x,y)dydx=\int_0^{1/2}\int_0^1 (x+y)dydx=\int_0^{1/2}(x+1/2)dx=\frac{3}{8}$

• $P(X\le 1/2)=\int_{-\infty}^{1/2} f_X(x)dx=\int_0^{1/2}(x+1/2)dx=\frac{3}{8}$

③ $P(X+Y\le 1)$을 구하여라.

풀이 $P(X+Y\le 1)=\iint_{(x,y):x+y\le 1} f_{X,Y}(x,y)dx\,dy$

$=\int_0^1\int_0^{1-x}(x+y)dy\,dx=\int_0^1\left[x(1-x)+\frac{(1-x)^2}{2}\right]dx=\int_0^1\left(\frac{1}{2}-\frac{1}{2}x^2\right)dx=\frac{1}{3}$

6.2 기댓값

두 확률변수 X_1과 X_2의 함수로 정의되는 새로운 확률변수 Y가 $Y=g(X_1,X_2)$일 때 확률변수 Y는 R^2에서 정의되며 실수값을 갖는 확률변수가 된다. 또한 Y의 기댓값은 $E[|g(X_1,X_2)|]<\infty$일 때, 즉, 절대적분가능할 때 다음과 같이 정의된다.

$$E(Y)=\begin{cases}\int_{-\infty}^{\infty}\int_{-\infty}^{\infty}g(x_1,x_2)f_{X_1,X_2}(x_1,x_2)dx_2dx_1 & \text{연속형일때}\\ \sum_{x_1}\sum_{x_2}g(x_1,x_2)\,p_{X_1,X_2}(x_1,x_2) & \text{이산형일때}\end{cases}$$

정리 확률벡터 (X_1,X_2)의 함수 $Y_1=g_1(X_1,X_2)$과 $Y_2=g_2(X_1,X_2)$의 기댓값이 존재하면 임의의 상수 k_1, k_2에 대하여 다음이 성립한다.

$$E[k_1Y_1+k_2Y_2]=k_1E(Y_1)+k_2E(Y_2)$$

증명 연속형인 경우

$$E(|k_1Y_1+k_2Y_2|)$$

$$=\int_{-\infty}^{\infty}\int_{-\infty}^{\infty}|k_1g_1(x_1,x_2)+k_2g_2(x_1,x_2)|f_{X_1,X_2}(x_1,x_2)dx_2dx_1$$

$$\le|k_1|\int_{-\infty}^{\infty}\int_{-\infty}^{\infty}|g_1(x_1,x_2)|f_{X_1,X_2}(x_1,x_2)dx_2dx_1$$

$$+|k_2|\int_{-\infty}^{\infty}\int_{-\infty}^{\infty}|g_2(x_1,x_2)|f_{X_1,X_2}(x_1,x_2)dx_2dx_1<\infty$$

$$E(k_1Y_1+k_2Y_2)$$

$$=\int_{-\infty}^{\infty}\int_{-\infty}^{\infty}[k_1g_1(x_1,x_2)+k_2g_2(x_1,x_2)]f_{X_1,X_2}(x_1,x_2)dx_2dx_1$$

$$=k_1\int_{-\infty}^{\infty}\int_{-\infty}^{\infty}g_1(x_1,x_2)f_{X_1,X_2}(x_1,x_2)dx_2dx_1$$

$$+k_2\int_{-\infty}^{\infty}\int_{-\infty}^{\infty}g_2(x_1,x_2)f_{X_1,X_2}(x_1,x_2)dx_2dx_1$$

$$=k_1E(Y_1)+k_2E(Y_2)$$

정리 확률변수 X_2의 임의의 함수 $g(X_2)$의 기댓값은 다음과 같다.

$$E[g(X_2)] = \int g(x_2) f_{X_2}(x_2) dx_2$$

증명 $$E[g(X_2)] = \int_{-\infty}^{\infty}\int_{-\infty}^{\infty} g(x_2) f_{X_1,X_2}(x_1,x_2) dx_1 dx_2$$

$$= \int_{-\infty}^{\infty} g(x_2)\left\{\int_{-\infty}^{\infty} f_{X_1,X_2}(x_1,x_2) dx_1\right\} dx_2$$

$$= \int_{-\infty}^{\infty} g(x_2) f_{X_2}(x_2) dx_2.$$

예제 6.2.1

X_1과 X_2의 결합확률밀도함수가 아래와 같을 때 $E(3X_1X_2^2+10X_2)$를 구하여라.

$$f(x_1,x_2) = \begin{cases} 8x_1x_2, & 0 < x_1 < x_2 < 1 \\ 0 & , \text{그외에} \end{cases}$$

풀이 $$E(X_1X_2^2) = \int_{-\infty}^{\infty}\int_{-\infty}^{\infty} x_1x_2^2 f_{X_1,X_2}(x_1,x_2) dx_2 dx_1$$

$$= \int_0^1\int_0^{x_2} 8x_1^2x_2^3 dx_1 dx_2 = \int_0^1 \frac{8}{3} x_1^2 x_2^3 dx_1 dx_2 = \frac{8}{21}$$

$$E(X_2) = \int_0^1\int_0^{x_2} x_2(8x_1x_2) dx_1 dx_2 = \frac{4}{5}, \text{ 또는}$$

$$E(X_2) = \int_0^1 x_2(4x_2^3) dx_2 = \frac{4}{5} \quad (\because\ f_2(x_2) = 4x_2^2 1_{(0,1)}(x_2))$$

$$E(3X_1X_2^2+10X_2) = 3E(X_1X_2^2) + 10E(X_2) = (3)(8/21) + (10)(4/5) = 64.$$

6.3 조건부 기댓값

지금까지는 한 쌍의 확률변수 (X_1,X_2)가 주어졌을 때 두 확률변수의 결합확률분포, 각 확률변수의 주변확률분포 및 조건부 확률분포를 살펴보았다. 이제 조건부 기댓값을 살펴보자.

- $X_1 = x_1$이 주어졌을 때 $u(X_2)$의 조건부 기댓값은 다음과 같이 정의한다.

$$E[u(X_2)|x_1] = \int_{-\infty}^{\infty} u(x_2) f_{X_2|X_1}(x_2|x_1)dx_2 \quad (\text{주의! } x_1\text{의 함수임.})$$

확률변수가 이산형일 경우에는 적분이 합으로 바뀐다.

- $X_1 = x_1$이 주어졌을 때 X_2의 조건부 평균과 조건부 분산은 다음과 같이 정의한다.

조건부 평균: $E[X_2|x_1]$

조건부 분산: $Var(X_2|x_1) \equiv E\{[X_2 - E(X_2|x_1)]^2|x_1\}$

$$= E(X_2^2|x_1) - [E(X_2|x_1)]^2$$

$$\because\ E\{[X_2 - E(X_2|x_1)]^2|x_1\} = E\{X_2^2 - 2X_2 u(x_1) + u^2(x_1)|x_1\}$$

$$[\because u(x_1) = E(X_2|x_1)]$$

$$= E(X_2^2|x_1) - 2u(x_1)E(X_2|x_1) + u^2(x_1)$$

$$= E(X_2^2|x_1) - u^2(x_1)$$

예제 6.3.1

X_1과 X_2의 결합확률밀도함수가 $f_{1,2}(x_1,x_2) = 2 \times 1_{0<x_1<x_2<1}[(x_1,x_2)]$이다.

① X_1과 X_2의 주변확률밀도함수를 각각 구하여라.

풀이 $f_1(x_1) = \int_{-\infty}^{\infty} f_{1,2}(x_1,x_2)dx_2 = \begin{cases} \int_{x_1}^{1} 2dx_2 = 2(1-x_1), & 0 < x_1 < 1 \\ 0 & , elsewhere \end{cases}$

$$f_2(x_2) = \int_{-\infty}^{\infty} f_{1,2}(x_1,x_2)dx_1 = \begin{cases} \int_{0}^{x_2} 2dx_2 = 2x_2, & 0 < x_2 < 1 \\ 0 & , elsewhere \end{cases}$$

② $X_2=x_2,\ 0<x_2<1$가 주어졌을 때 X_1의 조건부 pdf를 구하여라.

풀이 $f_{1|2}(x_1|x_2)=\dfrac{f_{1,2}(x_1,x_2)}{f_2(x_2)}=\begin{cases}\dfrac{2}{2x_2}=\dfrac{1}{x_2} & 0<x_1<x_2\\ 0 & elsewhere\end{cases}$

③ $X_2=x_2,\ 0<x_2<1$가 주어졌을 때 X_1의 조건부 평균과 조건부 분산을 구하여라.

풀이 $E(X_1|x_2)=\displaystyle\int_{-\infty}^{\infty}x_1f_{1|2}(x_1|x_2)dx_1=\int_0^{x_2}x_1\left(\frac{1}{x_2}\right)dx_1=\frac{x_2}{2}$

$Var(X_1|x_2)=E\{[X_1-E(X_1|x_2)]^2|x_2\}=\displaystyle\int_0^{x_2}\left(x_1-\frac{x_2}{2}\right)^2\left(\frac{1}{x_2}\right)dx_1=\frac{x_2^2}{12}$

④ $P(0<X_1<1/2)$과 $P(0<X_1<1/2|X_2=3/4)$을 구하여라.

풀이 $P(0<X_1<1/2)=\displaystyle\int_0^{1/2}f_1(x_1)dx_1=\int_0^{1/2}2(1-x_1)dx_1=3/4$

$P(0<X_1<1/2|X_2=3/4)=\displaystyle\int_0^{1/2}f_{1|2}(x_1|3/4)dx_1=\int_0^{1/2}\frac{1}{3/4}dx_1=\frac{2}{3}$

⑤ $Y=E(X_1|X_2)=X_2/2$의 평균과 분산을 구하여라.

참고 $E(X_1|x_2)$과 $Var(X_1|x_2)$은 x_2의 함수이며 $E(X_1|X_2)$는 확률변수이므로 분포가 존재한다.

풀이 cdf: $G(y)=P(Y\le y)=P(X_2\le 2y)=\begin{cases}0 & y<0\\ \displaystyle\int_0^{2y}2x_2dx_2=4y^2 & 0\le y\le 1/2,\\ 1 & y>1/2\end{cases}$

pdf: $g(y)=8y\,1_{(0,1/2)}(y)\quad \because\ g(y)=dF_Y(y)/dy$

평균: $E(Y)=\displaystyle\int_0^{1/2}y(8y)dy=1/3$

분산: $Var(Y)=\displaystyle\int_0^{1/2}\left(y-\frac{1}{3}\right)^2(8y)dy=\left|2y^4-\frac{16}{9}y^3+\frac{4}{9}y^2\right|_0^{1/2}=\frac{1}{72}$

⑥ 위에서 구한 $E(Y)$와 $E(X_1)$을 비교하여라.

풀이 $E(X_1)=\displaystyle\int_0^1x_1[2(1-x_1)]dx_1=1/3=E(Y)=E[E(X_1|X_2)]$

$\Rightarrow E(X_1)=E[E(X_1|X_2)]$

⑦ $Var(X_1)$과 $Var(E(X_1|X_2))$을 비교하여라.

풀이 $Var(X_1) = \int_0^1 (x_1 - 1/3)^2 [2(1-x_1)]dx_1 = \left| -\frac{x_1^4}{4} + \frac{5}{9}x_1^3 - \frac{5}{18}x_1^2 + \frac{x_1}{9} \right|_0^1$

$$= \frac{5}{36} \geq \frac{1}{72}$$

$$\Rightarrow Var(Y) = Var[E(X_1|X_2)] \leq Var(X_1)$$

정리 (X_1, X_2)가 확률벡터이고 $Var(X_1) < \infty$이면 다음이 성립한다.

- $E(X_1) = E[E(X_1|X_2)]$
- $Var[E(X_1|X_2)] \leq Var(X_1)$

질문 $E(X_1)$을 추정하기 위해 X_1과 $E(X_1|X_2)$ 중 $E(X_1|X_2)$가 더 신뢰할 수 있음을 보여라.

증명 $E(X_1) = \iint_{-\infty}^{\infty} x_1 f(x_1, x_2) dx_1 dx_2 = \int \left[\int_{-\infty}^{\infty} x_1 \frac{f(x_1, x_2)}{f_2(x_2)} dx_1 \right] f_2(x_2) dx_2$

$$= \int \left[\int_{-\infty}^{\infty} x_1 f_{1|2}(x_1|x_2) dx_1 \right] f_2(x_2) dx_2$$

$$= \int E(X_1|x_2) f_2(x_2) dx_2 = E[E(X_1|X_2)]$$

$$Var(X_1) = E[(X_1 - \mu_1)^2] = E\{[X_1 - E(X_1|X_2) + E(X_1|X_2) - \mu_1]^2\}$$

$$= E\{[X_1 - E(X_1|X_2)]^2\} + E\{[E(X_1|X_2) - \mu_1]^2\}$$

$$+ 2E\{[X_1 - E(X_1|X_2)][E(X_1|X_2) - \mu_1]\}$$

$$= E\{[X_1 - E(X_1|X_2)]^2\} + E\{[E(X_1|X_2) - \mu_1]^2\} \quad (\because ①)$$

$$\geq E\{[E(X_1|X_2) - \mu_1]^2\}$$

$$= Var[E(X_1|X_2)] \quad (\because E[E(X_1|X_2)] = \mu_1)$$

참고 ① $E\{[X_1 - E(X_1|X_2)][E(X_1|X_2) - \mu_1]\}$

$$= \int_{\infty}^{\infty} \int_{-\infty}^{\infty} [x_1 - E(X_1|x_2)] [E(X_1|x_2) - \mu_1] f(x_1, x_2) dx_1 dx_2$$

$$= \int_{\infty}^{\infty} [E(X_1|x_2) - \mu_1] \left\{ \int_{-\infty}^{\infty} [x_1 - E(X_1|x_2)] \frac{f(x_1, x_2)}{f_2(x_2)} dx_1 \right\} f_2(x_2) dx_2$$

$$= 0$$

$$\because \int_{-\infty}^{\infty} [x_1 - E(X_1|x_2)] \frac{f(x_1, x_2)}{f_2(x_2)} dx_1 = \int_{-\infty}^{\infty} [x_1 - E(X_1|x_2)] f_{1|2}(x_1|x_2) dx_1$$

$$= \int_{-\infty}^{\infty} x_1 f_{1|2}(x_1|x_2) dx_1 - \int_{-\infty}^{\infty} E(X_1|x_2) f_{1|2}(x_1|x_2) dx_1$$

$$= E(X_1|x_2) - E(X_1|x_2) \int_{-\infty}^{\infty} f_{1|2}(x_1|x_2) dx_1$$

$$= E(X_1|x_2) - E(X_1|x_2) = 0.$$

예제 6.3.2

① 이산형확률변수 X_1과 X_2의 조건부 pmf와 주변 pmf가 다음과 같을 때 X_1의 적률생성함수 $M_{X_1}(t)$를 구하여라.

$$p(x_1|x_2) = \binom{x_2}{x_1} \left(\frac{1}{2}\right)^{x_2},\ x_1 = 0, 1, \ldots, x_2,$$

$$p(x_2) = \frac{2}{3} \left(\frac{1}{3}\right)^{x_2 - 1},\ x_2 = 1, 2, 3, \ldots$$

풀이 $M_{X_1}(t) = E(e^{tX_1}) = E[E(e^{tX_1}|X_2)]$를 이용한다.

$$E(e^{tX_1}|x_2) = \Sigma_{x_1=0}^{x_2} e^{tx_1} \binom{x_2}{x_1} \left(\frac{1}{2}\right)^{x_2}$$

$$= \Sigma_{x_1=0}^{x_2} \binom{x_2}{x_1} e^{tx_1} \left(\frac{1}{2}\right)^{x_1} \left(\frac{1}{2}\right)^{x_2 - x_1}$$

$$= \Sigma_{x_1=0}^{x_2} \binom{x_2}{x_1} \left(\frac{1}{2} e^t\right)^{x_1} \left(\frac{1}{2}\right)^{x_2 - x_1}$$

$$= \left(\frac{1}{2} + \frac{1}{2} e^t\right)^{x_2}$$

$$E(e^{tX_1}) = E[E(e^{tX_1}|X_2)] = \Sigma_{x_2=1}^{\infty} \left(\frac{1}{2} + \frac{1}{2} e^t\right)^{x_2} \frac{2}{3} \left(\frac{1}{3}\right)^{x_2 - 1}$$

$$= \frac{2}{3} \left(\frac{1}{2} + \frac{1}{2} e^t\right) \Sigma_{x_2=1}^{\infty} \left(\frac{1}{6} + \frac{1}{6} e^t\right)^{x_2 - 1}$$

$$=\left(\frac{1}{3}+\frac{1}{3}e^t\right)\frac{1}{1-\left(\frac{1}{6}+\frac{1}{6}e^t\right)} \quad \left(\because\ \frac{1}{6}+\frac{1}{6}e^t<1 \Rightarrow t<\log 5\right).$$

② $E(X|X>Y)$는 어떻게 계산하는가? (참고: $E(X\mid Y=y)=\int_{-\infty}^{\infty}xf_{X\mid Y}(x\mid y)dx$)

풀이 $$f_{X|X>Y}(x)=\frac{dF_{X|X>Y}(x)}{dx}$$

$$=\lim_{h\to\infty}\frac{F_{X|X>Y}(x+h)-F_{X|X>Y}(x)}{h}$$

$$=\lim_{h\to\infty}\frac{P(X\le x+h|X>Y)-P(X\le x|X>Y)}{h}$$

$$=\lim_{h\to\infty}\frac{P(x<X\le x+h|X>Y)}{h}$$

$$=\frac{1}{P(X>Y)}\lim_{h\to\infty}\frac{P(x<X\le x+h\cap X>Y)}{h}$$

우측 두 번째 항의 분자는 다음과 같다.

$$P(x<X\le x+h\cap X>Y)=\int_x^{x+h}P(Y<u)f_X(u)du$$

$$=\int_x^{x+h}F_Y(u)f_X(u)du$$

따라서 우측의 극한값은 다음과 같다.

$$\lim_{h\to\infty}\frac{P(x<X\le x+h\cap X>Y)}{h}=\lim_{h\to\infty}\frac{\int_x^{x+h}F_Y(u)f_X(u)du}{h}$$

$$=\lim_{h\to\infty}\frac{G(x+h)-G(x)}{h}$$

$$=G'(x)=F_Y(x)f_X(x),$$

여기서 $G(x)=\int_{-\infty}^{x}F_Y(u)f_X(u)du$이다. 따라서 다음 식을 얻게 된다.

$$f_{X|X>Y}(x)=\frac{f_X(x)F_Y(x)}{P(X>Y)}.$$

결국 구하고자 하는 기댓값은 다음과 같다.

$$
\begin{aligned}
E(X|X>Y) &= \int_{-\infty}^{\infty} x f_{X|X>Y}(x|y)\,dx \\
&= \frac{1}{P(X>Y)} \int_{-\infty}^{\infty} x f_X(x) F_Y(x)\,dx
\end{aligned}
$$

만일 두 확률변수가 동일한 분포를 따르면 $P(X>Y)=1/2$이므로 다음과 같다.

$$E(X|X>Y) = 2\int_{-\infty}^{\infty} x f_X(x) F_Y(x)\,dx$$

6.4 확률변수들의 독립

두 확률변수 X와 Y가 확률공간 $(\Omega, \mathscr{F}, P)$에서 정의된다고 하자.

● 독립의 정의

두 시그마필드 $G(\subset \mathscr{F})$와 $H(\subset \mathscr{F})$에 대하여 임의의 두 사건 $A\in H$와 $B\in G$가 독립일 때 시그마필드 G와 H는 독립이라고 정의한다.

각 확률변수에 의해 생성되는 시그마필드가 독립일 때 두 확률변수는 독립이라고 정의한다.

두 확률변수 X와 Y가 독립일 필요충분조건은 임의의 보렐집합 A와 B에 대하여 $P(X\in A,\ Y\in B) = P(X\in A)P(Y\in B)$이다. 여기서 $A=(-\infty, x]$, $B=(-\infty, y]$이면 두 확률변수 X와 Y가 독립일 필요충분조건은 임의의 실수 $x\in R$에 대하여 다음과 같다.

$$
\begin{aligned}
F_{X,Y}(x,y) &\equiv P(X\in(-\infty,x],\ y\in(-\infty,y]) \\
&= P(X\in(-\infty,x])P(Y\in(-\infty,y]) \\
&= F_X(x)F_Y(y)
\end{aligned}
$$

정리 X와 Y가 독립인 확률변수이고 f와 g가 보렐함수이면 $f(X)$와 $g(Y)$도 독립이다.

증명 $U=f(X)$, $V=g(Y)$이면 U와 V에 의해 생성된 시그마필드는 각각 $\mathcal{F}_U \subset \mathcal{F}_X$이고 $\mathcal{F}_V \subset \mathcal{F}_Y$이다. 따라서 $A \in \mathcal{F}_U$, $B \in \mathcal{F}_V$이면 $A \in \mathcal{F}_X$, $B \in \mathcal{F}_Y$이다. 독립의 정의에 의해 다음의 관계가 성립한다.

X와 Y가 독립 $\Rightarrow$ $\mathcal{F}_X$와 $\mathcal{F}_Y$가 독립

$\Rightarrow P(A \cap B) = P(A)P(B)$

$\Rightarrow$ $\mathcal{F}_U$와 $\mathcal{F}_V$가 독립

$\Rightarrow$ $U=f(X)$와 $V=g(Y)$가 독립.

정의 두 확률변수 X와 Y가 모든 x에 대해서 $F_X(x)=F_Y(x)$일 때 두 확률변수는 동일한 분포를 갖는다고 말한다. 일반적으로 동일한 모집단에서 추출된 표본 $X_1, \ldots, X_n$이 독립일 때 이 표본을 독립이고 동일한분포를 갖는(independent and identically distributed; iid) 표본 또는 임의표본(random sample)이라고 한다.

● 독립 여부를 판단하는 방법

① 결합확률밀도함수와 주변확률밀도함수를 이용하여 독립 여부를 판단하는 방법

정의 $f_{1,2}(x_1, x_2)$이 확률변수 X_1과 X_2의 결합확률밀도함수 또는 결합확률질량함수이고, $f_i(x_i)\,(i=1,2)$가 확률변수 X_i의 주변확률밀도함수 또는 주변확률질량함수일 때 확률변수 X_1과 X_2이 독립일 필요충분조건은 $f_{1,2}(u,v)=f_1(u)f_2(v)$이다.

정리 $f_{1|2}(x_1|x_2)$가 x_2에 종속되지 않는 함수이면 두 확률변수는 독립이다.

증명 $f_1(x_1) = \int_{-\infty}^{\infty} f_{1,2}(x_1, x_2)\,dx_2$

$$= \int_{-\infty}^{\infty} f_{1|2}(x_1|x_2) f_2(x_2)\,dx_2 \left(\because f_{1|2}(u|v) = \frac{f_{1,2}(u,v)}{f_2(v)} \Rightarrow f_{1,2}(u,v) = f_{1|2}(u|v) f_2(v)\right)$$

$$= f_{1|2}(x_1|x_2)\int_{-\infty}^{\infty} f_2(x_2)dx_2$$

$$= f_{1|2}(x_1|x_2)$$

$$\therefore\ f_1(x_1) = f_{1|2}(x_1|x_2)\ (\because f_1(x_1) = f_{1|2}(x_1|x_2))$$

$$\Rightarrow f_{1,2}(x_1,x_2) = f_{1|2}(x_1|x_2)f_2(x_2) = f_1(x_1)f_2(x_2).$$

예제 6.4.1

확률변수 X_1과 X_2의 결합확률밀도함수가 다음과 같을 때 X_1과 X_2의 독립여부를 판단하라.

$$f_{1,2}(x_1,x_2) = \begin{cases} x_1 + x_2 & 0 < x_1 < 1,\ 0 < x_2 < 1 \\ 0 & elsewhere \end{cases}$$

풀이 $f_1(x_1) = \int_{-\infty}^{\infty} f_{1,2}(x_1,x_2)dx_2 = \begin{cases} \int_0^1 (x_1 + x_2)dx_2 = x_1 + 1/2, & 0 < x_1 < 1 \\ 0 & ,\ elsewhere \end{cases}$

$f_2(x_2) = \int_{-\infty}^{\infty} f_{1,2}(x_1,x_2)dx_1 = \begin{cases} \int_0^1 (x_1 + x_2)dx_1 = x_2 + 1/2, & 0 < x_2 < 1 \\ 0 & ,\ elsewhere \end{cases}$

$f_{1,2}(x_1,x_2) \neq f_1(x_1)f_2(x_2)$ $\Leftrightarrow$ 확률변수 X_1과 X_2는 독립이 아니다.

---

② 주변확률밀도함수를 계산하지 않고 독립 여부를 판단하는 방법

정리 확률변수 X_1과 X_2의 결합확률밀도함수가 $f_{1,2}(x_1,x_2)$이며 받침이 각각 S_1, S_2이라고 하자. 만일 $f_{1,2}(x_1,x_2)$을 x_1만의 음이 아닌 함수와 x_2만의 음이 아닌 함수의 곱으로 나타낼 수 있을 때 두 확률변수는 독립이다. 즉 $f_{1,2}(x_1,x_2) \equiv g(x_1)h(x_2)$이다. 단, $x_1 \in S_1$일 때 $g(x_1) > 0$이고 $x_1 \not\in S_1$이면 $g(x_1) = 0$이다. 또한 $x_2 \in S_2$일 때 $h(x_2) > 0$이고 $x_2 \not\in S_2$이면 $h(x_2) = 0$이다.

증명 두 확률변수가 독립이면 다음이 성립한다.

$$f_{1,2}(x_1,x_2) = f_1(x_1)f_2(x_2) = g(x_1)h(x_2).$$

만일 $f_{1,2}(x_1,x_2)=g(x_1)h(x_2)$이면 다음이 성립한다.

$$f_1(x_1)=\int_{-\infty}^{\infty} f_{1,2}(x_1,x_2)dx_2=\int_{-\infty}^{\infty} g(x_1)h(x_2)dx_2$$

$$=g(x_1)\int_{-\infty}^{\infty} h(x_2)dx_2=c_1g(x_1)$$

$$f_2(x_2)=\int_{-\infty}^{\infty} f_{1,2}(x_1,x_2)dx_1=\int_{-\infty}^{\infty} g(x_1)h(x_2)dx_1$$

$$=h(x_2)\int_{-\infty}^{\infty} g(x_1)dx_1=c_2h(x_2)$$

$$1=\iint f_{1,2}(x_1,x_2)dx_1dx_2=\iint_{-\infty}^{\infty} g(x_1)h(x_2)dx_1dx_2$$

$$=\int_{-\infty}^{\infty} g(x_1)dx_1\int_{-\infty}^{\infty} h(x_2)dx_2=c_1c_2$$

$$f_{1,2}(x_1,x_2)=g(x_1)h(x_2)=c_1c_2g(x_1)h(x_2)=[c_1g(x_1)][c_2h(x_2)]$$
$$=f_1(x_1)f_2(x_2)$$

따라서 두 확률변수 X_1과 X_2은 독립이다.

예제 6.4.2

(이전 예제의 계속) 확률변수 X_1과 X_2의 결합확률밀도함수가 다음과 같을 때 X_1과 X_2의 독립여부를 주변확률밀도함수를 구하지 않고 판단하여라.

$$f_{1,2}(x_1,x_2)=\begin{cases} x_1+x_2, & 0<x_1<1,\ 0<x_2<1 \\ 0 & ,\ elsewhere \end{cases}$$

풀이 결합 pdf가 x_1이나 x_2만의 음이 아닌 함수의 곱으로 나타낼 수 없기 때문에 독립이 아니다.

예제 6.4.3

확률변수 X_1과 X_2의 joint pdf가 다음과 같을 때 독립여부를 결정하여라.

$$f_{1,2}(x_1,x_2) = \begin{cases} 8x_1x_2, & 0 < x_1 < x_2 < 1 \\ 0 & , \text{그 외} \end{cases}$$

풀이 $8x_1x_2$만을 보면 x_1이나 x_2의 함수의 곱으로 표현할 수 있기 때문에 확률적으로 독립인 것처럼 보인다. 그러나 받침 $S=\{(x_1,x_2): 0 < x_1 < x_2 < 1\}$이 x_1만의 공간과 x_2만의 공간의 곱으로 표시되지 않기 때문에 두 확률변수는 독립이 아니다.

③ 누적분포함수를 이용하여 독립 여부를 판단하는 방법

확률변수 X_1과 X_2이 독립일 필요충분조건은 모든 $(x_1,x_2) \in R^2$에 대해 다음이 성립하는 것이다.

$$F_{1,2}(x_1,x_2) = F_1(x_1)F_2(x_2).$$

증명 $(\Leftarrow)$ $F_{1,2}(x_1,x_2) = F_1(x_1)F_2(x_2)$이 성립하면;

$$\frac{\partial^2 F_{1,2}(x_1,x_2)}{\partial x_1 \partial x_2} = f_1(x_1)f_2(x_2) \quad \Rightarrow \quad f_{1,2}(x_1,x_2) = f_1(x_1)f_2(x_2)$$

$(\Rightarrow)$ X_1과 X_2이 독립이면;

$$F_{1,2}(x_1,x_2) = \int_{-\infty}^{x_2}\int_{-\infty}^{x_1} f_{1,2}(u,v)\,du\,dv = \int_{-\infty}^{x_2}\int_{-\infty}^{x_1} f_1(u)f_2(v)\,du\,dv$$

$$= \int_{-\infty}^{x_2} f_2(v)dv \int_{-\infty}^{x_1} f_1(u)du = F_1(x_1)F_2(x_2).$$

예제 6.4.4

확률변수 X_1과 X_2이 독립이면 $a < b,\ c < d$에 대해서 다음이 성립함을 보여라.

$$P(a < X_1 \le b, c < X_2 \le d) = P(a < X_1 \le b)P(c < X_2 \le d)$$

풀이 두 확률변수가 독립임을 가정하면, 다음과 같이 증명할 수 있다.

$$\begin{aligned} P(a < X_1 \le b, c < X_2 \le d) &= F(b,d) - F(a,d) - F(b,c) + F(a,c) \\ &= F_1(b)F_2(d) - F_1(a)F_2(d) - F_1(b)F_2(c) + F_1(a)F_2(c) \\ &= [F_1(b)) - F_1(a)][F_2(d) - F_2(c)] \\ &= P(a < X_1 \le b)P(\, c < X_2 \le d) \end{aligned}$$

예제 6.4.5

(이전 예제의 계속) 확률변수 X_1과 X_2의 결합확률밀도함수가 다음과 같을 때 X_1과 X_2의 독립여부를 결합누적분포함수와 주변누적분포함수를 이용하여 판단하라.

$$f_{1,2}(x_1,x_2) = \begin{cases} x_1 + x_2, & 0 < x_1 < 1,\, 0 < x_2 < 1 \\ 0 & ,\ elsewhere \end{cases}$$

풀이 $P(0 < X_1 < 1/2,\, 0 < X_2 < 1/2) = \int_0^{1/2}\int_0^{1/2}(x_1 + x_2)dx_1dx_2 = 1/8$

$$P(0 < X_1 < 1/2) = \int_0^{1/2}(x_1 + 1/2)dx_1 = 3/8$$

$$P(0 < X_2 < 1/2) = \int_0^{1/2}(x_2 + 1/2)dx_2 = 3/8$$

따라서 위 조건 $1/8 \neq (3/8)(3/8)$이 성립되지 않으므로 독립이 아니다.

독립인 확률변수의 경우 기댓값의 계산도 다음과 같이 간단히 계산할 수 있다.

정리 X_1과 X_2이 독립이며 $E[u(X_1)]$과 $E[v(X_2)]$가 존재하면 다음 식이 성립한다.

$$E[u(X_1)v(X_2)] = E[u(X_1)]\,E[v(X_2)].$$

예제 6.4.6

두 확률변수 X와 Y의 평균이 각각 μ_X, μ_Y이고 분산이 각각 σ_X^2, σ_Y^2이며 독립이면 두 확률변수의 공분산은 0이다.

풀이 $Cov(X, Y) = E[(X-\mu_X)(Y-\mu_Y)] = E[(X-\mu_X)]E[(Y-\mu_Y)] = 0$

● 독립과 비상관의 관계

두 확률변수의 공분산이 0일 때 해당 확률변수들은 비상관(uncorrelated)이다라고 정의한다. 다음은 독립과 비상관의 관계에 대한 정리들이다.

① 확률변수 X와 Y가 독립이면 $E(X|Y) = E(X)$ 또는 $E(Y|X) = E(Y)$이 성립한다.

② $E(X|Y) = E(X)$ 또는 $E(Y|X) = E(Y)$이 성립하면 X와 Y는 비상관이다. 그러나 역은 성립하지 않는다. 즉, X와 Y가 비상관이라고 해서 $E(X|Y) = E(X)$을 의미하지 않는다.

③ $E(X|Y) = E(X)$라는 사실이 X와 Y가 독립이라는 것을 의미하지 않는다.

④ $E(X|Y) = E(X)$가 $E(Y|X) = E(Y)$를 의미하지는 않는다.

증명 ②의 역과 ④는 다음을 이용하여 반례(counter example)를 들어 증명하라.

$\Omega = \{-1, 0, 1\}$, $P(\omega) = 1/3$, $\forall \omega \in \Omega$, $X(\omega) = I_{\{0\}}(\omega)$, $Y(\omega) = \omega$일 때,

$XY = 0$, $E(XY) = 0$, $E(Y) = 0$, $E(X) = 1/3$, $E(Y|X) = 0$, $E(X|Y) = X$

③은 X가 평균이 0인 정규확률변수이고 S는 $P(S=1) = P(S=-1) = 1/2$이면 SX역시 정규확률변수가 됨을 이용하여 증명할 수 있다.

연습문제

1 결합 확률질량함수가 다음과 같은 확률변수 X와 Y가 있다.

Y \ X	2	3	4
1	1/12	1/24	1/24
2	1/6	1/12	1/8
3	1/4	1/8	1/12

① $P(X \le 2, Y \le 3)$를 계산하라.

② X와 Y의 주변확률질량함수를 구하여라.

③ $P(X=3|Y=4)$을 계산하라.

④ X와 Y의 독립여부를 판단하라.

2 어느 대학교의 학생 식당을 찾는 고객의 수 N이 평균이 λ인 포아송 분포를 따른다고 한다. 만일 각 손님이 음료수를 주문할 확률이 p이며 다른 고객과 독립이고 또한 N의 값과도 독립이라고 가정하자. 확률변수 X는 음료를 주문한 사람의 수이며 Y는 음료를 주문하지 않은 사람의 수라고 하자. 즉, $X+Y=N$이다.

① X와 Y의 주변확률질량함수를 구하여라.

② X와 Y의 결합확률질량함수를 구하여라.

③ X와 Y의 독립여부를 판단하라.

④ $(XY)^2$의 기댓값을 구하여라.

3 X와 Y가 서로 독립이며 동일한 분포 $F_X = F_Y = F$를 따르는 이산형 확률변수라고 하자. 다음과 같이 정의되는 새로운 확률변수 V와 W의 누적분포함수 F_V와 F_W를 구하여라.

연습문제

4 **성공확률이 p인 기하분포를 따르며 서로 독립인 두 확률변수 X와 Y에 의해 정의되는 새로운 확률변수 $Z=X/Y$가 있다.**

① 확률변수 Z의 범위(range)를 구하여라.

② 확률변수 Z의 확률질량함수를 구하여라.

③ 확률변수 Z의 기댓값을 구하여라.

5 **확률변수 X는 확률밀도함수가 $f_X(x)=2x \cdot 1_{[0,1]}(x)$인 연속확률변수이다. 또한 $X=x$가 주어지면 확률변수 Y는 구간 $[-x,x]$에서 균등분포를 따른다.**

① X와 Y의 결합확률밀도함수를 구하여라.

② Y의 주변확률밀도함수를 구하여라.

③ $P(|Y|<X^3)$을 구하여라.

6 **확률변수 X와 Y는 결합확률밀도함수가 아래와 같이 주어진 연속형확률변수이다.**

$$f_{X,Y}(x,y)=\begin{cases} 6xy & 0 \le x \le 1,\ 0 \le y \le \sqrt{x} \\ 0 & elsewhere \end{cases}$$

① (X, Y)의 영역을 평면에 표시하여라.

② X와 Y의 주변확률밀도함수를 각각 구하여라.

③ X와 Y의 독립여부를 판단하여라.

④ $Y=y$가 주어졌을 때 X의 조건부 확률밀도함수를 구하여라.

⑤ $0 \le y \le 1$일 때 $E(X|Y=y)$를 구하여라.

⑥ $0 \le y \le 1$일 때 $Var(X|Y=y)$를 구하여라.

7장

극한정리

확률이론과 통계학에서 다루는 극한정리(limit theorems)는 표본크기가 증가함에 따른 통계량과 해당 분포함수 열의 수렴과 관련된 결과들이다. 본서에서는 대수의 법칙과 중심극한정리만 다루겠다. 더 자세한 내용은 대표본이론(large sample theory) 또는 근사이론(asymptotic theory)과 관련된 서적을 참고하기 바란다.

7.1 중요한 부등식

이번 절에서는 확률이론을 전개할 때 유용하게 사용되는 부등식들을 살펴본다. 특히, 꼬리 부분과 관련된 부등식들(tail inequalities)은 이상값을 식별하는 데 유용하게 사용되는 부등식이다.

● 볼록함수

임의의 실수 $a,b(-\infty \le a < b \le \infty)$에 대해 구간 (a,b)에서 정의되는 함수 $g(\bullet)$가 구간 내의 임의의 두 점 x, y와 $0<\gamma<1$에 대해 다음을 만족할 때 g를 볼록함수(convex function)라고 한다.

$$g[\gamma x+(1-\gamma)y] \le \gamma g(x)+(1-\gamma)g(y)$$

기하학적으로 어떤 함수가 임의의 두 점의 내분점에서의 함수값이 두 점에서의 함수값의 내분점보다 크지 않을 때 볼록함수가 된다. 위 식의 부등호에서 등호가 빠질 때 엄격한 볼록(strictly convex)함수라고 부른다.

● 볼록함수에 관한 정리

만일 g가 구간 (a,b)에서 미분가능하면 볼록(엄격 볼록)일 필요충분조건은 다음과 같다.

$$\forall\, a < x < y < b,\; g'(x) \le (<) g'(y)$$

만일 g가 (a,b)에서 이차미분가능하면 볼록(엄격 볼록)일 필요충분조건은 다음과 같다.

$$\forall\, a < x < y < b,\; g''(x) \ge (>) 0.$$

젠센 부등식(Jensen Inequality)

함수 g가 개구간 I에서 볼록이고 확률변수 X의 받침(support)이 구간 I에 포함되며 유한인 기댓값을 가지면 다음 부등식이 성립한다.

$$g[E(X)] \le E[g(X)]$$

만약 함수 g가 엄격하게 볼록이면 위 부등식은 X가 상수가 아니라면 엄격하다.

증명 함수 g의 2차 도함수가 존재한다고 가정하자(일반적으로는 볼록이면 충분하다).

함수 g를 $\mu = E[X]$에서 2차까지 Taylor 전개함:

$$g(x) = g(\mu) + g'(\mu)(x-\mu) + \frac{g''(a)(x-\mu)^2}{2},\ a\text{는 } x\text{와 } \mu\text{사이에 있음.}$$

$$\ge g(\mu) + g'(\mu)(x-\mu)$$

$x = X$로 놓고 양변의 기댓값을 취함:

$$E[g(X)] \ge E[g(\mu)] = g(\mu) = g[E(X)].$$

만약 $\forall x \in (a,b)$에 대해 $g''(x) > 0$이고 X가 상수가 아니면 부등식은 엄격하게 된다.

예제 7.1.1

① $E[X^2] \ge [E(X)]^2$임을 보여라. (힌트: $g(t)=t^2$)

② X가 양의 값을 갖는 확률변수일 때, 즉 $P(X \le 0)=0$일 때 다음 부등식이 성립함을 보여라.

$$E(1/X) \ge 1/E(X),\quad E(-\log X) \ge -\log[E(X)],\ E[X^3] \ge [E(X)]^3$$

③ $a_1,\ldots,a_n$이 양수일 때 다음과 같이 정의되는 산술평균(arithmetic mean), 기하평균(geometric mean), 조화평균(harmonic mean)의 크기를 비교하라.

$$a_A = \frac{1}{n}(a_1+\cdots+a_n),\ a_G=(a_1\times\cdots\times a_n)^{1/n} \text{ and } a_H=\left\{\frac{1}{n}\left(\frac{1}{a_1}+\cdots+\frac{1}{a_n}\right)\right\}^{-1}.$$

풀이 ③ X가 $a_1,\ldots,a_n$의 값을 갖는 확률이 동일하게 $1/n$인 이산확률변수라고 가정하고 $E(\log X)$과 $\log[E(X)]$을 계산한다.

$$E(\log X) = \Sigma_{i=1}^{n}\log a_i P(X=a_i) = \frac{1}{n}(\log a_1+\cdots+\log a_n)$$

$$=\frac{1}{n}\log(a_1\cdots a_n)=\log[(a_1\cdots a_n)^{1/n}]$$

$$\log E(X)=\log\left[\Sigma_{i=1}^{n}a_i P(X=a_i)\right]$$

$$=\log\left(a_1\frac{1}{n}+\cdots+a_n\frac{1}{n}\right)=\log\left[\frac{1}{n}(a_1+\cdots+a_n)\right]$$

$-\log x$가 볼록(convex)함수이므로 Jensen 부등식에 의해 $E(\log X) \le \log[E(X)]$이므로 다음이 성립한다.

$$\log[(a_1\cdots a_n)^{1/n}] \le \log\left[\frac{1}{n}(a_1+\cdots+a_n)\right] \Rightarrow (a_1\cdots a_n)^{1/n} \le \frac{1}{n}(a_1+\cdots+a_n).$$

$$\therefore\ \text{AM} \ge \text{GM}.$$

$1/a_1,\ldots,1/a_n$에 대해 AM $\ge$ GM을 적용한다.

$$\left(\frac{1}{a_1}\cdots\frac{1}{a_n}\right)^{1/n} \le \frac{1}{n}\left(\frac{1}{a_1}+\cdots+\frac{1}{a_n}\right) \Rightarrow (a_1\cdots a_n)^{1/n} \ge \left\{\frac{1}{n}\left(\frac{1}{a_1}+\cdots+\frac{1}{a_n}\right)\right\}^{-1}.$$

$$\therefore\ \text{GM} \ge \text{HM}$$

$$\therefore\ \text{AM} \ge \text{GM} \ge \text{HM}.$$

마르코프 부등식(Markov Inequality)

$u(X)$가 확률변수 X의 음이 아닌 함수라고 하자. 만약 $E[u(X)]$가 존재하면 임의의 양의 상수 c에 대해 다음 부등식이 성립한다.

$$P[u(X) \ge c] \le \frac{E[u(X)]}{c}$$

증명 $A \equiv \{x : u(x) \ge c\}$라 하고 $f(x)$를 X의 pdf라 하면 다음 부등식이 성립한다.

$$\begin{aligned} E[u(X)] &= \int_{-\infty}^{\infty} u(x)f(x)dx \\ &= \int_A u(x)f(x)dx + \int_{A^c} u(x)f(x)dx \ge \int_A u(x)f(x)dx \\ &\ge c\int_A f(x)dx = cP(X \in A) = cP[u(X) \ge c]. \end{aligned}$$

$U(X) = X$일 때 마르코프 부등식을 그림으로 표현하면 다음 그림과 같다. 기댓값을 분포함수로 표현하면 $E(X) = \int_0^{\infty} P(X > x)dx$이므로 $E(X)$는 분포함수의 윗부분의 면적에 해당하며, $cP(X \ge c)$는 가로와 세로의 길이가 각각 c와 $P(X \ge c)$인 직사각형의 넓이가 된다. 직사각형의 넓이는 분포함수의 윗부분 면적의 부분집합이므로 마르코프 부등식이 성립된다.

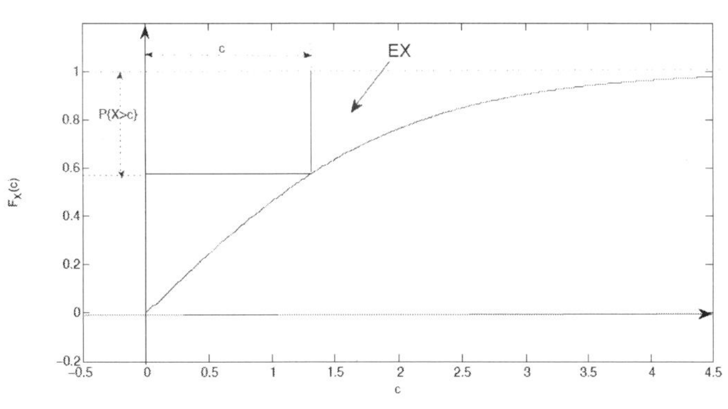

그림 7.1 $E(X) \ge cP(X \ge c)$**의 기하학적 증명**

● 체비셰프 부등식(Chebyshev Inequality)

확률변수 X가 유한분산 $\sigma^2(<\infty)$을 갖는 확률분포를 따를 때 임의의 양수 a에 대해 다음 부등식이 성립한다.

$$P(|X-\mu| \geq a) \leq \frac{\sigma^2}{a^2}$$

증명 마르코프 부등식에서 $u(X)=(X-\mu)^2$, $c=a^2$를 대입하면 다음 식에 의해 성립한다.

$$P(|X-\mu| \geq a) = P((X-\mu)^2 \geq a^2) \leq \frac{E[(X-\mu)^2]}{a^2} = \frac{\sigma^2}{a^2}.$$

여기서 $a=k\sigma(k \geq 1)$이면 위 부등식은 $P(|X-\mu| \geq k\sigma) \leq \frac{1}{k^2}$이 된다.

예제 7.1.2

확률변수 X의 pdf가 다음과 같을 때 확률 $P(|X| \geq 1/2)$의 정확한 값과 체비셰프 부등식의 상계를 비교하여라.

$$f(x) = \begin{cases} 1/2, & -1 < x < 1 \\ 0, & \text{그 외}. \end{cases}$$

풀이 $E(X)=0$, $Var(X)=1/3$이므로 다음을 계산할 수 있다.

정확한 계산: $P(|X| \geq 1/2) = 1 - \int_{-1/2}^{1/2} \frac{1}{2} dx = 1 - \frac{1}{2} = \frac{1}{2}$.

체비셰프 부등식: $P(|X| \geq 1/2) = P(|X-\mu| \geq 3/2 \cdot \sigma^2) \leq 1/(3/2)^2 = 4/9$.

영의 부등식(Young's Inequality)

a, b, p, q가 $a, b \geq 0$이고 $p, q > 0$이며 $1/p+1/q=1$을 만족하는 실수일 때 다음이 성립한다.

$$ab \leq \frac{a^p}{p}+\frac{b^q}{q}.$$

증명 지수함수는 볼록함수이기 때문에 $t\in[0,1]$에 대해 다음 부등식이 성립한다.

$$e^{tx+(1-t)y} \leq te^x+(1-t)e^y \ (*)$$

지수와 로그의 성질을 이용하면 다음 부등식이 성립한다.

$$ab = e^{\log(ab)} = e^{\log a+\log b} = \exp\left\{\frac{p-1}{p}\frac{p}{p-1}\log a+\left(1-\frac{p-1}{p}\right)\left(\frac{1}{1-\frac{p-1}{p}}\right)\log b\right\}$$

$$\leq \frac{p-1}{p}\exp\left(\frac{p}{p-1}\log a\right)+\left(1-\frac{p-1}{p}\right)\exp\left\{\left(\frac{1}{1-\frac{p-1}{p}}\right)\log b\right\} \text{ (*을 이용)}$$

$$= \frac{p-1}{p}\exp\left(\frac{p}{p-1}\log a\right)+\frac{1}{p}\exp(p\log b) = \frac{p-1}{p}a^{\frac{p}{p-1}}+\frac{1}{p}b^p$$

$$= \left(1-\frac{1}{p}\right)a^{(1-1/p)^{-1}}+\frac{1}{p}b^p$$

$$= \frac{1}{q}a^q+\frac{1}{p}b^p \ (\because p\text{와 } q\text{에 대해 대칭이므로 성립}).$$

참고 $p=q=2$; $ab \leq \frac{a^2}{2}+\frac{b^2}{2}$ $(\Leftrightarrow 2ab \leq a^2+b^2)$.

횔더 부등식(Hölder's Inequality)

만약 $p, q\in(1,\infty]$이고 $1/p+1/q=1$이면 $\|XY\|_1 \leq \|X\|_p\|Y\|_q$이다. 단, $\|X\|_p=(E|X|^p)^{1/p}$이고 $\|Y\|_q=(E|Y|^q)^{1/q}$이다.[8)]

8) $(\|X\|_p)^p = E|X|^p$이므로 선형대수에서의 노름(norm)을 통계학에서는 적률의 개념으로 생각할 수 있다.

증명 $a=\frac{|X|}{(E|X|^p)^{1/p}}=\frac{|X|}{\|X\|_p}$, $b=\frac{|Y|}{(E|Y|^q)^{1/q}}=\frac{|Y|}{\|Y\|_q}$ 로 치환하면 Young 부등식에 의해 다음 식이 성립한다.

$$\frac{|X|}{(E|X|^p)^{1/p}}\cdot\frac{|Y|}{(E|Y|^q)^{1/q}}\le\frac{1}{p}\frac{|X|^p}{E|X|^p}+\frac{1}{q}\frac{|Y|^q}{E|Y|^q}$$

이 부등식의 양변에 기댓값을 취한다.

$$E\left(\frac{|X|}{(E|X|^p)^{1/p}}\cdot\frac{|Y|}{(E|Y|^q)^{1/q}}\right)\le\frac{1}{p}\frac{E|X|^p}{E|X|^p}+\frac{1}{q}\frac{E|Y|^q}{E|Y|^q}$$

$$\Leftrightarrow\ \frac{E|XY|}{(E|X|^p)^{1/p}(E|Y|^q)^{1/q}}\le\frac{1}{p}+\frac{1}{q}=1$$

$\therefore\ E|XY|\le(E|X|^p)^{1/p}(E|Y|^q)^{1/q}$.

슈바르츠 부등식(Schwarz Inequality)

$$E(|XY|)\le\sqrt{E(X^2)E(Y^2)}$$

증명 Hölder's Inequaltiy의 특별한 경우로서 $p=q=2$에 해당한다. 또한 슈바르츠 부등식을 이용하면 확률변수 X와 Y사이의 상관계수 ρ_{XY}가 $|\rho_{XY}|\le1$임을 보일 수 있다.

$L^p\equiv\{X\mid E|X|^p<\infty\}$($L^p$공간)이라고 할 때 $1\le k<m<\infty$이면, $L^m\subset L^k$이다. 즉, 확률변수 X가 $E|X^m|<\infty$이면 $k<m$인 k에 대해 $E|X^k|<\infty$이다.

증명

$$\begin{aligned}E|X^k|&=\int_{-\infty}^{\infty}|x|^kf(x)dx=\int_{|x|\le1}|x|^kf(x)dx+\int_{|x|>1}|x|^kf(x)dx\\&\le\int_{|x|\le1}f(x)dx+\int_{|x|>1}|x|^mf(x)dx\\&\le\int_{-\infty}^{\infty}f(x)dx+\int_{-\infty}^{\infty}|x|^mf(x)dx\\&\le1+E(|X|^m)<\infty.\end{aligned}$$

민코프스키 부등식(Minkowski Inequality)

$p \geq 1$이면 $\|X+Y\|_p \leq \|X\|_p + \|Y\|_p$이다. 단 $\|X\|_p = (E|X|^p)^{1/p}$이다.

증명 $p=1$이면 부등식은 성립한다.

$$p>1 \text{일 때 } q \equiv p/(p-1) \Rightarrow 1/p+1/q=1.$$

Hölder's Inequaltiy에 의해 다음 부등식이 성립한다.

$$E(|X||X+Y|^{p-1}) \leq \|X\|_p \left(E|X+Y|^p \right)^{(p-1)/p}$$

$$\because \; E(|X||X+Y|^{p-1}) \leq \|X\|_p \| |X+Y|^{p-1} \|_q = \|X\|_p \left(E|X+Y|^{(p-1)q}\right)^{1/q}$$

$$\leq \|X\|_p \left(E|X+Y|^p\right)^{(p-1)/p} \quad (\because q=p/(p-1))$$

같은 방법으로 $E(|Y||X+Y|^{p-1}) \leq \|Y\|_p (E|X+Y|^p)^{(p-1)/p}$이 성립하고, 이 두 부등식을 더하면 다음 부등식이 성립한다.

$$E(|X+Y|^p) \leq (\|X\|_p + \|Y\|_p)\left(E|X+Y|^p\right)^{(p-1)/p}$$

$$(\because \; E(|X+Y|^p) = E(|X+Y| \times |X+Y|^{p-1}) \leq E(|X|+|Y|)(|X+Y|^{p-1})$$

$$= E(|X||X+Y|^{p-1}) + E(|Y||X+Y|^{p-1})$$

$$\leq \|X\|_p \left(E|X+Y|^p\right)^{(p-1)/p} + \|Y\|_p \left(E|X+Y|^p\right)^{(p-1)/p}$$

$$= (\|X\|_p + \|Y\|_p)\left(E|X+Y|^p\right)^{(p-1)/p} \;)$$

$E(|X+Y|^p) \leq (\|X\|_p + \|Y\|_p)(E|X+Y|^p)^{(p-1)/p}$의 양변을 $(E|X+Y|^p)^{(p-1)/p}$로 나누면 다음 부등식이 성립한다.

$$\|X\|_p + \|Y\|_p \geq \frac{E(|X+Y|^p)}{\left(E|X+Y|^p\right)^{(p-1)/p}} = \left(E|X+Y|^p\right)^{1/p} = \|X+Y\|_p.$$

● 단측 체비셰프 부등식(One-sided Chebyshev Inequality)

$E(X)=\mu$이고 $Var(X)=\sigma^2<\infty$이면 임의의 양수 $a>0$에 대해 다음이 성립한다.

$$P(X\geq\mu+a)\leq\frac{\sigma^2}{\sigma^2+a^2},\quad P(X\leq\mu-a)\leq\frac{\sigma^2}{\sigma^2+a^2}$$

증명 $\mu=0$이라고 가정하면 임의의 b에 대해 다음이 성립한다.

$$\leq P[(X+b)^2\geq(a+b)^2]$$

$$\leq\frac{E[(X+b)^2]}{(a+b)^2}=\frac{E(X^2)+b^2}{(a+b)^2}=\frac{\alpha+t^2}{(1+t)^2}\equiv g(t),$$

단 $\alpha=\frac{E(X^2)}{a^2}=\frac{\sigma^2}{a^2},\ t=\frac{b}{a}$.

$g(t)$의 최솟값을 구한다.

$$g'(t)=0\ \Rightarrow\ t=\alpha$$

$$\min g(t)=g(\alpha)=\frac{\alpha+\alpha^2}{(1+\alpha)^2}=\frac{\alpha}{1+\alpha}=\frac{\sigma^2/a^2}{1+\sigma^2/a^2}=\frac{\sigma^2}{\sigma^2+a^2}.$$

마찬가지 방법으로 $P(X\leq-a)=P(X+b\leq b-a)\leq P[(X+b)^2\geq(b-a)^2]$ 이므로 같은 절차를 따르면 주어진 부등식이 증명된다.

7.2 확률수렴

확률이론에서 확률변수들의 수렴은 중요한 개념으로 확률수렴, 거의 확실한 수렴, 분포 수렴 그리고 평균제곱 수렴 등이 존재한다.

$T_1, T_2, \ldots$이 확률변수의 열이고 T가 확률변수일 때 임의의 양수 ϵ에 대해 T_n과 T가 n이 커질 때 $P(|T_n-T|>\epsilon)\to 0$이면 확률변수의 열 $\{T_n\}$이 확률변수 T로 확률수렴한다(converge in probability)고 말한다. 즉,

$$\forall \ \epsilon > 0, \ \ P(|T_n - T| > \epsilon) \to 0 \text{ as } n \to \infty$$

$$\Leftrightarrow \forall \ \epsilon > 0, \ \lim_{n\to\infty} P(|T_n - T| > \epsilon) = 0.$$

위 확률수렴을 다음과 같이도 표현한다. $T_n \xrightarrow{p} T$ 또는 $\text{plim}\, T_n = T$이다.

일반적으로 확률변수의 열 T_n은 확률표본 $X_1,\ldots,X_n$의 함수, 즉 $T_n = g(X_1,\ldots,X_n)$인 통계량으로 $\max(X_1,\ldots,X_n)$, $\overline{X_n}$, S_n^2 등을 예로 들 수 있다. 통계학에서 극한 확률변수인 T는 종종 상수가 되기도 하는데, 이는 해당 상수에 모든 확률이 집중되어 있다는 것을 의미하며 이러한 확률변수를 퇴행(degenerate) 확률변수라고 부른다. 따라서 어떤 수열 $\{a_n\}$이 a로 수렴하면 이를 퇴행확률변수로 생각하여 $\{a_n\}$이 a로 확률 수렴한다고 말할 수 있다. 즉,

$$\lim_{n\to\infty} a_n = a \Leftrightarrow \text{plim}\, a_n = a.$$

약대수의 법칙(WLLN, 약대수 법칙)

약대수의 법칙(The weak law of large numbers)이란 표본의 크기가 증가할 때 표본평균이 모평균에 확률적으로 수렴한다는 법칙으로 다음과 같이 표현할 수 있다.

정리 $X_1, X_2, \ldots$이 평균과 분산이 각각 μ와 $\sigma^2(<\infty)$인 분포에서 추출된 확률 표본이라고하면, 표본평균 $\overline{X_n} = \sum_{i=1}^{n} X_i / n$은 임의의 양수 $\epsilon > 0$에 표본의 크기 n이 증가할 때 다음을 만족한다.

$$P(|T_n - \mu| > \epsilon) = P(|\overline{X_n} - \mu| > \epsilon) \to 0.$$

증명 $E(\overline{X_n}) = \mu$이고 $Var(\overline{X_n}) = \sigma^2/n$이기 때문에 체비셰프 부등식에 의해 다음이 성립한다.

$$P(|\overline{X_n} - \mu| > \epsilon) \le \frac{E(\overline{X_n} - \mu)^2}{\epsilon^2} = \frac{\sigma^2}{n\epsilon^2} \Rightarrow \lim_{n\to\infty} P(|\overline{X_n} - \mu| > \epsilon) = 0$$

$$\therefore \ \overline{X_n} \xrightarrow{p} \mu.$$

다음 코드와 그림은 모집단 $N(0,1)$에 대해 약대수 법칙을 모의실험으로 보여 준 결과이다.

```
mrep=1000
n.size=c(seq(10,100,by=10),seq(200,1000,by=100))
nn=length(n.size); epsilon=0.01
prop=matrix(0,nrow=mrep,ncol=nn)

for(j in 1:nn) {
  n=n.size[j]
  for (i in 1:mrep){
      mu=0; Xdata=rnorm(n,mu,1); Xmean=mean(Xdata)
      Error=abs(Xmean-mu)
      prop[i,j]=Error  }
}
m.error=colSums(prop)/mrep
boxplot(prop, use.cols = TRUE)
plot(n.size,m.error,type="l",xlab="n",ylim=c(0,0.3),
    ylab=expression(group("|", bar(x)[n]-mu,"|")))
abline(h=0,col="red",lty=2)
title(expression(P(group("|", bar(x)[n]-mu,"|") >epsilon)))
```

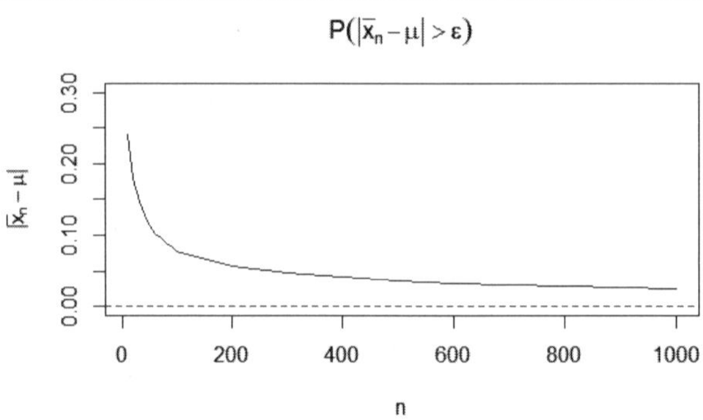

● 확률수렴의 성질

정리 ① $T_n \xrightarrow{p} T$이고 a가 상수이면 $aT_n \xrightarrow{p} aT$.

증명 만약 $a=0$이면 결과는 당연히 성립한다. 따라서 $a \neq 0$을 가정한다. 만일 $\epsilon > 0$이면 다음과 같다.

$$P(|aT_n - aT| \ge \epsilon) = P(|a|\,|T_n - T| \ge \epsilon) = P(|T_n - T| \ge \epsilon/|a|) \to 0.$$

정리 ② $T_n \xrightarrow{p} T$이고 $U_n \xrightarrow{p} U$이면 $T_n + U_n \xrightarrow{p} T+U$이다.

증명 임의의 $\epsilon > 0$에 대해 다음이 성립한다.

$\epsilon \le |(T_n + U_n) - (T+U)|$

$\le |T_n - T| + |U_n - U|$ (삼각부등식 $|a+b| < |a| + |b|$을 적용함)

$|a+b| > \epsilon \Rightarrow |a| + |b| > \epsilon$이고 $A \subset B \Rightarrow P(A) \le P(B)$이므로 다음이 성립한다.

$$
\begin{aligned}
P(|(T_n + U_n) - (T+U)| \ge \epsilon) &= P(|(T_n - T) + (U_n - U)| \ge \epsilon) \\
&\le P(|T_n - T| + |U_n - U| \ge \epsilon) \\
&\le P(|T_n - T| \ge \epsilon/2) + P(|U_n - U| \ge \epsilon/2) \to 0.
\end{aligned}
$$

여기서 마지막 부등식은 $\{(x,y) \mid |x| + |y| > \epsilon\}$의 영역이 $\{(x,y) \mid |x| > \epsilon/2$ 또는 $|y| > \epsilon/2\}$의 영역보다 적기 때문에 성립한다.

정리 ③ 만약 $T_n \xrightarrow{p} a$이고 실수값 함수 g가 a에서 연속이면 $g(T_n) \xrightarrow{p} g(a)$이다.

증명 연속함수의 정의에 의해 임의의 $\epsilon > 0$에 대해 $|x - a| < \delta$이면 $|g(x) - g(a)| < \epsilon$를 만족하는 양수 δ가 존재한다. $A \Rightarrow B \Leftrightarrow B^c \Rightarrow A^c$이므로 $|x-a| < \delta \Rightarrow |g(x) - g(a)| < \epsilon$는 $|g(x) - g(a)| \ge \epsilon \Rightarrow |x - a| \ge \delta$과 같은 명제이다. x에 T_n을 대입하면 $|g(T_n) - g(a)| \ge \epsilon \Rightarrow |T_n - a| \ge \delta$. 따라서 $P(|g(T_n) - g(a)| \ge \epsilon) \le P(|T_n - a| \ge \delta) \to 0$이다.

예제 7.2.1

$T_n \xrightarrow{p} a$이면 $T_n^2 \xrightarrow{p} a^2$, $1/T_n \xrightarrow{p} 1/a$ (단, $a \ne 0$), $\sqrt{T_n} \xrightarrow{p} \sqrt{a}$ (단, $a \ge 0$)이다.

정리 ④ $T_n \xrightarrow{p} T$이고 g가 연속이면 $g(T_n) \xrightarrow{p} g(T)$이다.

예제 7.2.2

$T_n \xrightarrow{p} T$이고 $U_n \xrightarrow{p} U$이면 $T_nU_n \xrightarrow{p} TU$이다.

풀이 $T_nU_n = \frac{1}{2}T_n^2 + \frac{1}{2}U_n^2 - \frac{1}{2}(T_n - U_n)^2 \xrightarrow{p} \frac{1}{2}T^2 + \frac{1}{2}U^2 - \frac{1}{2}(T-U)^2 = TU.$

● 일치추정량

확률변수 X의 분포함수가 $F(x,\theta)$, $\theta \in \Omega$이고 $X_1,\ldots,X_n$은 $F(x,\theta)$에서 추출된 확률표본이며 T_n이 통계량이라고 하자. 만약 $T_n \xrightarrow{p} \theta$이면 T_n을 θ의 일치(consistent) 추정량이라고 한다.

즉, 어떤 추정량이 일치추정량이면 오차(추정량과 모수의 차이)가 어떤 주어진 값보다 클 확률은 표본크기가 증가함에 따라 0으로 접근한다. 따라서 자료를 더 많이 추출할수록 일치추정량은 추정하고자 하는 모수와 더욱 가까워질 것이다.

예제 7.2.3

표본평균과 표본분산은 각각 모평균과 모분산의 일치추정량임을 보여라.

풀이 $X_1,\ldots,X_n$이 평균이 μ이고 분산이 $\sigma^2(<\infty)$인 분포로부터 추출한 확률표본이라고 하자. 약대수 법칙에 의해 $\overline{X_n} \xrightarrow{p} \mu$이므로 $\overline{X_n}$은 μ의 일치추정량이다. 또한 다음 식에 의해 S_n^2은 σ^2의 일치추정량이다.

$$S_n^2 = \frac{1}{n-1}\Sigma_{i=1}^n(X_i - \overline{X_n})^2 = \frac{n}{n-1}\left(\frac{1}{n}\Sigma_{i=1}^n X_i^2 - \overline{X_n}^2\right) \xrightarrow{p} 1 \cdot [E(X_1^2) - \mu^2] = \sigma^2.$$

● 경험적 누적 분포함수

$X_1,\ldots,X_n$이 분포함수가 $F(\cdot)$인 모집단에서 추출된 확률표본이라고 하자. 경험적 누적 분포함수(empirical cumulative distribution) $F_n(t)$는 다음과 같이 정의한다.

$$F_n(x) \equiv \frac{1}{n}\Sigma_{i=1}^{n} I(X_i \le x),\ \text{단},\ I(X \le x) = \begin{cases} 1 & X \le x \\ 0 & X > x \end{cases}.$$

성질

① $E[F_n(x)] = F(x)$

② $Cov(F_n(x), F_n(y)) = \frac{1}{n}[\min(F(x), F(y)) - F(x)F(y)]$

③ $Var(F_n(x)) = \frac{1}{n}F(x)(1-F(x))$

증명

① $E[F_n(x)] = \frac{1}{n}\Sigma_{i=1}^{n} E[I(X_i \le x)] = \frac{1}{n}\Sigma_{i=1}^{n} F(X \le x) = F(x)$

②
$$\begin{aligned} Cov(F_n(x), F_n(y)) &= E[F_n(x)F_n(y)] - E[F_n(x)]E[F_n(y)] \\ &= \left[\frac{1}{n}\min(F(x), F(y)) - \frac{n-1}{n}F(x)F(y)\right] - F(x)F(y) \\ &= \frac{1}{n}[\min(F(x), F(y)) - F(x)F(y)] \end{aligned}$$

$$E(F_n(x)F_n(y)] = E\left\{\frac{1}{n^2}\Sigma_i \Sigma_j I(X_i \le x)I(X_j \le y)\right\}$$

$$= E\left\{\frac{1}{n^2}\Sigma_i I(X_i \le x)I(X_i \le y)\right\} + \frac{1}{n^2}\Sigma_{i \ne j} E[I(X_i \le x)]E[I(X_i \le y)]$$

$$= \frac{1}{n^2}\Sigma_i E[I(X_i \le x, X_i \le y)] + \frac{1}{n^2}\Sigma_{i \ne j} F(x)F(y)$$

$$= \frac{n}{n^2}P(X \le \min(x, y)) + \frac{1}{n^2}\Sigma_{i \ne j} F(x)F(y)$$

$$= \frac{n}{n^2}\min(F(x), F(y)) + \frac{n(n-1)}{n^2}F(x)F(y)$$

$$= \frac{1}{n}\min(F(x), F(y)) + \left(1 - \frac{1}{n}\right)F(x)F(y).$$

③ $Var(F_n(x)) = Cov(F_n(x), F_n(x))$이므로

$$\begin{aligned} Cov(F_n(x), F_n(x)) &= \frac{1}{n}[\min(F(x), F(x)) - F(x)F(x)] \\ &= \frac{1}{n}F(x)(1-F(x)). \end{aligned}$$

7.3 분포수렴

$\{T_n\}$이 확률변수들의 열이고 해당 분포함수 열이 $\{F_n\}$이며 T는 분포함수가 F인 확률변수라고 하자. 또한, $C(F)$를 F가 연속인 점들의 집합이라고 하자. 만일 임의의 $t \in C(F)$에 대해 $\lim F_n(t) = F(t)$이 만족할 때 T_n은 T로 분포수렴한다고 하며 $T_n \xrightarrow{d} T$로 표기한다. 또한 F는 $\{T_n\}$의 근사적분포(asymptotic distribution) 또는 극한분포(limiting distribution)라고 부른다.

분포수렴에서 왜 극한분포가 연속인 점들만 고려하는지 다음의 예제를 통해 살펴보자.

예제 7.3.1

T_n과 T를 각각 $1/n$과 0에서 모든 확률이 집중된 이산확률변수라고 할 때 T_n의 모든 질량은 0에 집중되도록 수렴한다. 즉, T의 확률분포로 수렴한다. F가 불연속인 0에서 $\lim F_n(0) = 0 \neq 1 = F(0)$인 반면, F가 연속인 점 $x(\neq 0)$에서는 $\lim F_n(x) = 1 = F(x)$이 성립한다. 즉, 다음이 성립한다.

$$\lim_{n\to\infty} F_n(x) = \lim_{n\to\infty} \begin{cases} 0, & x < 1/n \\ 1, & x \geq 1/n \end{cases}$$

$$= \begin{cases} 0, & x < 0 \\ 1, & x \geq 0 \end{cases} = F(x).$$

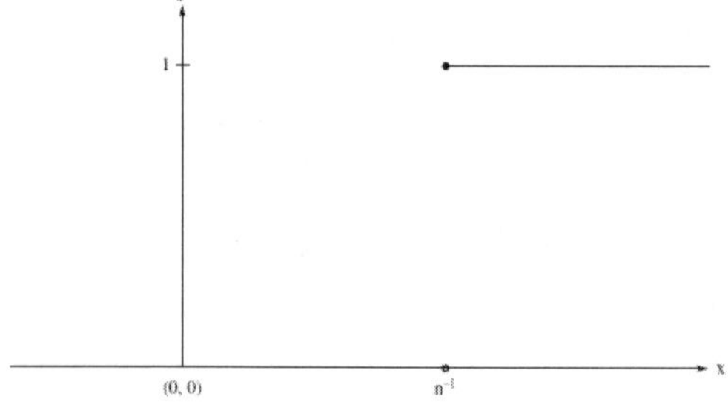

확률수렴과 분포수렴의 차이

확률수렴은 확률변수열이 어떤 확률변수에 가까워진다는 의미로 생각할 수 있는 반면, 분포수렴은 오직 분포함수가 어떤 분포로 근사하느냐와 관련되어 있다. 다음 예제를 통해 두 수렴의 차이를 이해해 보자.

예제 7.3.2

확률변수 X의 밀도함수가 0에 대칭이라고 하자. 즉, $f_X(-x)=f_X(x)$이다. 따라서 다음 근거에 의해 X와 $-X$는 동일한 분포를 갖는다.

$$\because\ f_{-X}(x)=f_X(-x)\left|\frac{\partial x}{\partial(-x)}\right|=f_X(x)$$

확률변수 X의 함수로 새로운 확률변수열 T_n과 확률변수 T를 다음과 같이 정의하자.

$$T_n=\begin{cases} X, & n=\text{홀수} \\ -X, & n=\text{짝수}\end{cases},\quad T=X.$$

X와 $-X$는 동일한 분포를 갖기 때문에 T의 받침대에 속한 모든 x에 대해 다음이 성립한다.

$$F_{T_n}(x)=P(T_n\le x)=P(X\le x)(\text{또는}P(-X\le x))=P(X\le x)=F_T(x)$$

따라서 T_n은 T로 분포수렴한다. 즉, $T_n\overset{d}{\to}T$. 그러나 $-X$가 결코 X와 같을 수 없기 때문에, 즉 T_n이 T에 결코 가까워지지 않기 때문에 T_n은 확률적으로 T에 수렴하지 않는다.

예제 7.3.3

$X_1,\ldots,X_n$이 $N(0,1)$에서 추출된 확률표본일 때 표본평균이 퇴행확률변수로 분포수렴함을 보여라.

풀이 $\overline{X_n} = T_n$이라고 하면 $T_n \sim N(0,1/n)$이다. 따라서 T_n의 분포함수는 다음과 같다.

$$F_n(t) = P(\overline{X_n} \le t) = \int_{-\infty}^{t} \frac{1}{\sqrt{1/n}\,\sqrt{2\pi}} e^{-nu^2/2} du = \int_{-\infty}^{\sqrt{n}t} \frac{1}{\sqrt{2\pi}} e^{-w^2/2} dw$$

$(\because\ w = u\sqrt{n})$

$$\Rightarrow \lim F_n(t) = \begin{cases} 0 & t < 0 \\ 1/2 & t = 0 \\ 1 & t > 0 \end{cases}$$

다음과 같이 0에서 모든 확률이 집중되어 있는 퇴행확률변수의 분포함수를 고려하자.

$$F(t) = \begin{cases} 0 & t < 0 \\ 1 & t \ge 0 \end{cases}.$$

$F(t)$가 연속인 모든 점에서 $\lim F_n(t) = F(t)$이 성립한다. 비록 $\lim\ F_n(0) = 1/2 \ne 1 = F(0)$일지라도 $t = 0$은 $F(t)$가 연속인 점이 아니므로 분포의 수렴조건에 해당되지 않는다. 따라서 확률변수열 $\{\overline{X_n}\}$는 0에 모든 확률이 집중되어 있는 퇴행확률변수에 분포수렴함을 할 수 있다.

예제 7.3.4

자유도가 n인 t확률변수는 n이 증가하면 표준 정규확률변수로 분포수렴함을 보여라.

풀이

T_n이 자유도가 $n(\ge 1)$인 t 확률변수이면 확률밀도함수와 분포함수는 다음과 같다.

$$f_n(y) = \frac{\Gamma[(n+1)/2]}{\sqrt{\pi n}\,\Gamma(n/2)} \frac{1}{(1+y^2/n)^{(n+1)/2}},\ -\infty < y < \infty$$

$$F_n(t) = \int_{-\infty}^{t} f_{T_n}(y) dy$$

이제 $\lim F_n(t) = \lim \int_{-\infty}^{t} f_n(y)dy \overset{①}{=} \int_{-\infty}^{t} \lim f_n(y)dy \overset{②}{=} \int_{-\infty}^{t} \frac{1}{\sqrt{2\pi}} e^{-y^2/2}dy = \Phi(t)$

가 성립됨을 보인다.

등식 ①은 지배수렴정리(the Dominated Convergence Theorem)를 적용하여 다음과 같이 증명한다.

참고 지배수렴정리란 만일 $|f_n(y)|$이 어떤 적분가능함수에 의해 지배(유계)되면 적분과 극한의 순서를 바꾸어도 된다는 정리이다. 우리의 경우 $|f_n(y)| \le 10f_1(y)$이고 임의의 실수 t에 대해 $\int_{-\infty}^{t} 10f_1(y)dy = \frac{10}{\pi}\tan^{-1}(t) < \infty$이므로 등식 ①이 성립한다.

등식 ②는 Stirling's 공식 $\Gamma(n+1) = n! \approx \sqrt{2\pi}\, n^{n+1/2}e^{-n} = \sqrt{2\pi n}\,(n/e)^n$과 $\lim (1+y^2/n)^n = \exp(y^2)$을 적용하여 다음과 같이 증명한다.

$$\begin{aligned}\lim f_n(y) &= \lim\left\{\frac{\Gamma[(n+1)/2]}{\sqrt{n/2}\,\Gamma(n/2)}\right\} \times \lim\left\{\frac{1}{(1+y^2/n)^{1/2}}\right\} \times \lim\left\{\frac{1}{\sqrt{2\pi}}\left(1+\frac{y^2}{n}\right)^{-n/2}\right\} \\ &= 1 \times 1 \times \frac{1}{\sqrt{2\pi}} e^{-y^2/2}.\end{aligned}$$

따라서 $\lim F_n(t) = \int_{-\infty}^{t} \frac{1}{\sqrt{2\pi}} e^{-y^2/2}dy = \Phi(t)$. 즉, $T_n \xrightarrow{d} Z$, 단, $Z \sim N(0,1)$이다.

예제 7.3.5

$X_1, \ldots, X_n$이 $U(0,\theta)$로부터 추출된 확률표본이고 $Y_n = \max\{X_1, \ldots, X_n\}$일 때 확률변수열 $T_n = n(\theta - Y_n)$의 극한분포가 평균이 θ인 지수분포임을 보여라.

풀이 $t \in (0, n\theta)$일 때 T_n의 분포함수는 Y_n의 분포함수를 이용하면 다음과 같아진다.

$$\begin{aligned}P(T_n \le t) &= P[Y_n \ge \theta - (t/n)] \\ &= 1 - \left(\frac{\theta-(t/n)}{\theta}\right)^n = 1 - \left(1 - \frac{t/\theta}{n}\right)^n \to 1 - e^{-t/\theta}.\end{aligned}$$

극한값은 평균이 θ인 지수확률변수의 분포함수이다. 따라서 $T_n \xrightarrow{d} T$이다. 단, $T \sim \exp(\theta)$이다. 또한 $n \to \infty$이면 $t \in (0, n\theta) \to t \in (0, \infty)$이므로 임의의 실수 t에 대해 $T_n \xrightarrow{d} T$이다.

다음은 확률수렴과 분포수렴의 관계에 대한 정리이다. 확률수렴하면 분포수렴이 되지만 그 역은 성립하지 않는다. 즉, 분포수렴이 확률수렴보다 더 약한 조건이 된다. 그러나 분포수렴에서 극한분포가 퇴행확률변수의 분포일 때는 그 역도 성립한다.

정리 만일 $T_n \xrightarrow{p} T$이면 $T_n \xrightarrow{d} T$이다.

증명 $t \in C(F)$이고 $\epsilon > 0$이라 하면 다음이 성립한다.

$$\begin{aligned} F_n(t) &= P(T_n \le t) \\ &= P[\{T_n \le t\} \cap \{|T_n - T| < \epsilon\}] + P[\{T_n \le t\} \cap \{|T_n - T| \ge \epsilon\}] \\ &\le P(T \le t + \epsilon) + P(|T_n - T| \ge \epsilon) \\ &(\because \{T_n \le t\} \cap \{T_n - \epsilon \le T \le T_n + \epsilon\} \subset \{T \le t + \epsilon\}) \end{aligned}$$

$T_n \xrightarrow{p} T$ 이므로 위 부등식에 의해 $\limsup F_n(t) \le F(t+\epsilon)$이 성립한다. 또한, 다음이 성립한다.

$$\begin{aligned} P(T_n > t) &= P(\{T_n > t\} \cap \{|T_n - T| < \epsilon\}) + P(\{T_n > t\} \cap \{|T_n - T| \ge \epsilon\}) \\ &\le P(T_n > t - \epsilon) + P(|T_n - T| \ge \epsilon) \end{aligned}$$

$$\because \{T_n > t\} \cap \{T_n - \epsilon \le T \le T_n + \epsilon\} \subset \{T > t - \epsilon\}$$

따라서 $P(T_n \le t) \ge P(T \le t - \epsilon) - P(|T_n - T| \ge \epsilon)$이다. 또한, $T_n \xrightarrow{p} T$ 이므로 위

부등식은 $\liminf F_n(t) \geq F(t-\epsilon)$을 의미한다. 위 두 부등식과 limsup과 liminf의 관계에 의해 다음 식이 성립한다.

$$F(t-\epsilon) \leq \liminf F_n(t) \leq \limsup F_n(t) \leq F(t+\epsilon).$$

여기서 $\epsilon \searrow 0$이면 위 식은 다음을 의미한다.

$$\liminf F_n(t) = \limsup F_n(t) = F(t)$$

따라서 $\lim F_n(t) = F(t)$이다.

정리 일반적으로 이전 정리의 역은 성립하지 않는다. 즉, $T_n \xrightarrow{d} T$이라고 해서 반드시 $T_n \xrightarrow{p} T$이 성립하는 것은 아니다. 그러나 $T_n \xrightarrow{d} b$(상수)이면 $T_n \xrightarrow{p} b$가 성립한다.

증명 임의 양수 $\epsilon > 0$이 주어지면 $T_n \xrightarrow{d} b$이므로 다음이 성립한다.

$$\lim P(|T_n - b| \leq \epsilon) = \lim F_n(b+\epsilon) - \lim F_n(b-\epsilon) = 1 - 0 = 1.$$

따라서 $T_n \xrightarrow{p} b$이 성립한다.

- 만일 $T_n \xrightarrow{d} T$이고 $U_n \xrightarrow{p} 0$이면 $T_n + U_n \xrightarrow{d} T$이다.
- 만일 $T_n \xrightarrow{d} T$이고 g가 T의 받침대에서 연속이면 $g(T_n) \xrightarrow{d} g(T)$이다.
- 슬러츠키 정리(Slutsky's Theorem) T_n, T, a_n, b_n가 확률변수이고 a와 b가 상수이다. 만일 $T_n \xrightarrow{d} T$이고 $a_n \xrightarrow{p} a$, $b_n \xrightarrow{p} b$이면 $a_n + b_n T_n \xrightarrow{d} a + bT$이다.

7.4 델타(Delta)방법

델타방법은 어떤 추정량의 근사적 분포가 정규분포일 때 이 추정량의 함수로 표기되는 새로운 추정량의 근사적 분포와 관련된 결과이다.

이를 위해 우선 실수로 구성된 수열의 리틀O와 빅O 부호를 살펴본다. $\{x_n\}$과 $\{a_n\}$이 실수로 구성된 수열이라고 하자.

● 빅O(Big Oh)

▸ $x_n = O(a_n)$

만일 x_n/a_n이 $n \to \infty$일 때 유계이면, 즉 상수 $C(\neq 0)$와 자연수 n_0가 존재하여 $n \geq n_0$에 대해 $|x_n| \leq Ca_n$이면 $x_n = O(a_n)$이라고 표기한다.

이는 x_n과 a_n의 크기가 같다(the same order)는 의미로 두 수열이 같은 비율로 증가하거나 감소한다.

예제 7.3.6

$$a_1n^2 + a_2n + a_3 = O(n^2),\ b_1n^{-2} + b_2n^{-1} = O(n^{-1})$$

▸ $x_n = O(1)$

위 정의에서 $a_n = 1$이라는 의미이므로 $n \to \infty$일 때 $|x_n| \leq C$인 $C(\neq 0)$이 존재한다.

예제 7.4.7

$$x_n = 37 \Rightarrow x_n = O(1);\ x_n = 37(1 - 2/n) \Rightarrow x_n = O(1)$$

리틀O (Little Oh)

▸ $x_n = o(a_n)$

만일 x_n/a_n이 $n \to \infty$일 때 0으로 수렴하면 $x_n = o(a_n)$으로 표기한다. 따라서 수열 x_n이 0으로 수렴하면 $x_n = o(1)$로 표기된다.

$x_n = o(a_n)$이면 x_n은 궁극적으로 a_n과 비교할 때 무시해도 된다는 것이다.

▸ 빅O 체계와 관련하여 다음과 같은 산술규칙이 성립한다.

① $x_n = O(a_n) \Rightarrow kx_n = O(a_n)$ 여기서 k는 임의의 실수

② $x_n = O(a_n)$, $y_n = O(a_n) \Rightarrow x_n + y_n = O(a_n)$

③ $x_n = O(a_n)$, $y_n = o(a_n) \Rightarrow x_n + y_n = O(a_n)$

④ $x_n = O(y_n)$, $y_n = o(a_n) \Rightarrow x_n = o(a_n)$

확률에서 빅OP (Big Oh Pee)와 리틀OP (Little Oh Pee)

▸ 만일 $X_n \xrightarrow{p} 0$, 즉, $\lim_{n\to\infty} P(|X_n| < \epsilon) = 1$이면 $X_n = o_p(1)$으로 정의한다.

▸ 만일 $X_n/a_n \xrightarrow{p} 0$이면 $X_n = o_p(a_n)$으로 정의한다. 즉, $X_n = o_p(a_n)$은 $X_n/a_n = o_p(1)$과 같은 뜻이다.

▸ 확률 유계(Bounded in Probability): 확률변수의 열 X_n이 임의의 양수 $\epsilon > 0$에 대해 $N(\epsilon)$과 $M(\epsilon)$이 존재하여 $n > N(\epsilon)$이면 $P(|X_n| \le M) \ge 1-\epsilon$을 만족하면 X_n이 확률적으로 유계이다라고 한다(bounded in probability).

▸ Y_n/a_n이 확률 유계이면 $Y_n = O_p(a_n)$로 표기한다.

▸ 확률변수열 $\{X_n\}$이 어떤 확률변수 X로 분포수렴하면 $\{X_n\}$은 확률적으로 유계이다. 즉, 다음과 같다.

$$X_n \xrightarrow{d} X \Rightarrow X_n = O_p(1).$$

▸ 확률변수열 $\{Y_n\}$이 확률유계이고 $X_n = o_p(Y_n)$이면 $X_n \xrightarrow{p} 0$이다. 즉, 다음과 같다.

$$Y_n = O_p(1),\ X_n = o_p(Y_n) \Rightarrow X_n = o_p(1).$$

증명 $\{Y_n\}$ 확률유계이므로 다음이 성립한다.

$$\epsilon > 0 \ \exists N_\epsilon, B_\epsilon \ni n \geq N_\epsilon \Rightarrow P(|Y_n| \leq B_\epsilon) \geq 1-\epsilon/2$$

$X_n/Y_n \xrightarrow{p} 0$이므로 다음이 성립한다.

$$\begin{aligned} P(|X_n| \geq \epsilon) &= P(|X_n| \geq \epsilon, |Y_n| \leq B_\epsilon) + P(|X_n| \geq \epsilon, |Y_n| > B_\epsilon) \\ &\leq P\left(\frac{|X_n|}{|Y_n|} \geq \frac{\epsilon}{B_\epsilon}\right) + P(|Y_n| > B_\epsilon) \leq \epsilon/2 + \epsilon/2 = \epsilon \end{aligned}$$

$\therefore\ X_n \xrightarrow{p} 0 \Leftrightarrow X_n = o_p(1)$.

정리 $\{T_n\}$이 $\sqrt{n}(T_n - \theta) \xrightarrow{d} N(0,\sigma^2)$인 확률변수 열이라고 하자.

만일 $g(t)$가 θ에서 미분가능하고 $g'(\theta) \neq 0$이면 다음이 성립한다.

$$\sqrt{n}(g(T_n) - g(\theta)) \ \xrightarrow{d}\ N(0, \sigma^2[g'(\theta)]^2).$$

증명 $g(T_n)$에 대해 제1차 테일러 근사를 적용하면 다음이 성립한다.

$$g(T_n) = g(\theta) + g'(\theta)(T_n - \theta) + o_P(|T_n - \theta|)$$

$$(\because g(y) = g(x) + g'(x)(y-x) + o(|y-x|))$$

따라서 다음이 성립한다.

$$\sqrt{n}(g(T_n) - g(\theta)) = g'(\theta)\sqrt{n}(T_n - \theta) + o_p(\sqrt{n}|T_n - \theta|)$$

슬러츠키 정리와 확률유계를 적용하면 다음이 성립한다.

$$\sqrt{n}(g(T_n) - g(\theta)) \xrightarrow{d} N(0, \sigma^2[g'(\theta)]^2)$$

7.5 중심극한정리

확률변수 $X_1, X_2, \cdots, X_n$이 평균과 분산이 각각 μ와 $\sigma^2(<\infty)$인 분포에서 추출한 확률표본일 때 확률변수들의 합 $S_n = \Sigma_{i=1}^{n} X_i$은 $n \to \infty$일 때 다음이 성립한다.

$$P\left(a \le \frac{S_n - n\mu}{\sigma\sqrt{n}} \le b\right) \to \int_a^b \frac{1}{\sqrt{2\pi}} e^{-x^2/2} dx.$$

위 식은 다음과 같이 다양한 방법으로 표현할 수 있다.

$$Y_n = \frac{\Sigma_{i=1}^{n} X_i - n\mu}{\sigma\sqrt{n}} = \frac{\Sigma_{i=1}^{n}(X_i - \mu)}{\sigma\sqrt{n}} \left(= \frac{1}{\sqrt{n}} \Sigma_{i=1}^{n} Z_i\right)$$

$$= \frac{\sqrt{n}(\overline{X_n} - \mu)}{\sigma} \xrightarrow{d} N(0,1).$$

증명 $-h < t < h$에 대해 $M(t) \equiv E(e^{tX}) < \infty$가 존재하면 $X - \mu$의 mgf $m(t)$는 다음을 만족한다.

$$m(t) \equiv E[e^{t(X-\mu)}] = e^{-\mu t} M(t) < \infty$$

$$\Rightarrow m(0) = 1,\ m'(0) = E(X - \mu) = 0,$$

$$m''(0) = E[(X-\mu)^2] = \sigma^2$$

$m(t)$를 0 주위에서 테일러 전개하면 다음이 성립한다.

$$m(t) = m(0) + m'(0)t + \frac{m''(\epsilon)t^2}{2} = 1 + \frac{m''(\epsilon)t^2}{2},$$

여기서 ϵ은 0과 t사이에 위치한다.

$$m(t) = 1 + \frac{\sigma^2 t^2}{2} + \frac{[m''(\epsilon) - \sigma^2]t^2}{2}.$$

따라서 Y_n의 mgf는 다음과 같다.

$$M(t;n) \equiv M_{Y_n}(t) = E(e^{tY_n}) = E\left\{\exp\left(t\frac{\Sigma_{i=1}^{n} X_i - n\mu}{\sigma\sqrt{n}}\right)\right\}$$

$$= E\left[\exp\left(t\frac{X_1-\mu}{\sigma\sqrt{n}}\right)\exp\left(t\frac{X_2-\mu}{\sigma\sqrt{n}}\right)\cdots\exp\left(t\frac{X_n-\mu}{\sigma\sqrt{n}}\right)\right]$$

$$= E\left[\exp\left(t\frac{X_1-\mu}{\sigma\sqrt{n}}\right)\right]\cdots E\left[\exp\left(t\frac{X_n-\mu}{\sigma\sqrt{n}}\right)\right]$$

$$= \left\{E\left[\exp\left(t\frac{X-\mu}{\sigma\sqrt{n}}\right)\right]\right\}^n = \left[E\left\{\exp\left(\frac{t}{\sigma\sqrt{n}}(X-\mu)\right)\right\}\right]^n$$

$$= \left\{m\left(\frac{t}{\sigma\sqrt{n}}\right)\right\}^n,\quad -h < \frac{t}{\sigma\sqrt{n}} < h$$

$m(t)$의 테일러 전개에서 t를 $t/\sigma\sqrt{n}$로 치환하면 다음과 같다.

$$m\left(\frac{t}{\sigma\sqrt{n}}\right) = 1 + \frac{t^2}{2n} + \frac{[m''(\epsilon)-\sigma^2]t^2}{2n\sigma^2},$$

단, ϵ은 0과 $t/\sigma\sqrt{n}$ 사이에 위치한다.

$$\Rightarrow\ M(t;n) = \left\{1 + \frac{t^2}{2n} + \frac{[m''(\epsilon)-\sigma^2]t^2}{2n\sigma^2}\right\}^n.$$

$m''(t)$는 $t=0$에서 연속이므로 다음이 성립한다.

$$\epsilon\to 0\ (n\to\infty)\ \Rightarrow\ \lim_{n\to\infty}[m''(\epsilon)-\sigma^2] = m''(0)-\sigma^2 = 0.$$

$$\lim_{n\to\infty} M(t;n) = \lim_{n\to\infty}\left\{1 + \frac{t^2}{2n} + \frac{[m''(\epsilon)-\sigma^2]t^2}{2n\sigma^2}\right\}^n = \lim_{n\to\infty}\left(1+\frac{t^2}{2n}\right)^n = e^{t^2/2} = M_Z(t).$$

여기서 $Z\sim N(0,1)$이므로 증명은 끝난다.

근사적 정규분포

확률변수 열 $\{T_n\}$과 수열 $\{a_n\}$ 및 $\{b_n(>0)\}$에 대해 $\frac{T_n-a_n}{b_n}\xrightarrow{d} N(0,1)$이 성립할 때 T_n은 평균 a_n, 분산 b_n^2인 근사적 정규분포를 따른다고 하며 $T_n \sim AN(a_n, b_n^2)$와 같이 표기한다.

위의 표기법에 따르면 중심극한정리는 다음과 같이 표기할 수 있다.

$$\frac{\sqrt{n}\,(\overline{X_n}-\mu)}{\sigma}=\frac{\overline{X_n}-\mu}{\sigma/\sqrt{n}} \Leftrightarrow \overline{X}_n \sim AN(\mu,\, \sigma^2/n)$$

예제 7.5.1

$X_1, X_2, \cdots, X_n$이 평균 μ이고 분산 σ^2인 분포에서 추출한 확률표본이고 $\overline{X_n}$와 S_n^2이 각각 표본평균과 표본분산일 때 μ에 대한 대표본 신뢰구간과 검정에 사용된 통계량 $\overline{X_n}$의 근사적 분포는 다음과 같다.

$$\frac{\overline{X_n}-\mu}{S_n/\sqrt{n}} \xrightarrow{d} N(0,1).$$

풀이 $\frac{\sigma}{S_n} \xrightarrow{p} 1$이고 $\frac{\overline{X_n}-\mu}{\sigma/\sqrt{n}} \xrightarrow{d} Z$이므로 슬러츠키 정리를 적용하면 다음 식이 성립한다.

$$\frac{\overline{X_n}-\mu}{S_n/\sqrt{n}}=\left(\frac{\sigma}{S_n}\right)\left(\frac{\overline{X_n}-\mu}{\sigma/\sqrt{n}}\right) \xrightarrow{d} N(0,1).$$

예제 7.5.2

$X_1, X_2, \cdots, X_n$이 $b(1,p)$에서 추출한 확률표본일 때 다음이 성립함을 보여라.

$$Y_n = X_1 + X_2 + \cdots + X_n \Rightarrow \left(\frac{Y_n - np}{\sqrt{np(1-p)}}\right)^2 \xrightarrow{d} \chi^2(1).$$

풀이 $E(X)=p$이고 $\sigma^2 = p(1-p)$이므로 $Y_n = X_1 + X_2 + \cdots + X_n$에 중심극한정리를 적용하면 다음과 같다.

$$\frac{Y_n - np}{\sqrt{np(1-p)}}=\frac{\Sigma_{i=1}^n X_i - np}{\sqrt{p(1-p)}}=\frac{\sqrt{n}\,(\overline{X_n}-p)}{\sqrt{p(1-p)}}=\frac{\sqrt{n}\,(\overline{X_n}-\mu)}{\sigma} \xrightarrow{d} Z,$$

여기서 $Z \sim N(0,1)$이다.

$g(x)=x^2$은 연속함수이고 표준정규확률변수의 제곱은 자유도가 1인 카이제곱분포를 따르므로 다음이 성립한다.

$$\left(\frac{Y_n-np}{\sqrt{np(1-p)}}\right)^2=g\left(\frac{Y_n-np}{\sqrt{np(1-p)}}\right)\xrightarrow{d} g(Z)=Z^2\sim\chi^2(1).$$

연습문제

1 $U(0,\theta)$로부터 추출된 확률표본의 최댓값이 θ의 일치추정량임을 보여라.

2 $X \sim \Gamma(\alpha,\beta)$에 대하여 중심극한정리를 적용하여라.

3 $X_1,\ldots,X_n$이 Poisson(λ)로부터 추출된 확률표본일 때 $T_n = \exp(-\overline{X_n})$이 $e^{-\lambda}$로 확률수렴함을 보여라.

4 Y_n이 cdf가 $F(x)$이고 pdf가 $f(x)$인 연속확률분포에서 추출된 크기가 n인 확률표본의 최댓값이라고 할 때 $T_n = n(1-F(Y_n))$의 극한분포를 구하여라.

5 $X_1,\ldots,X_n$이 평균이 $\mu(\neq 0)$이고 분산이 $\sigma^2(<\infty)$인 분포에서 추출된 확률표본일 때 $\overline{X_n}^2$의 근사분포를 구하여라.

6 위 문제에서 $\mu=0$일 때 근사적 성질에 대해 설명하여라.

찾아보기

저자 소개

이성백
Texas A&M University 통계학과(이학박사)
현) 부경대학교 정보융합대학 통계 · 데이터사이언스전공 명예교수
e-mail: sbyi0108@gmail.com

엄태웅
부경대학교 통계학과(이학박사)
현) 부경대학교 정보융합대학 통계 · 데이터사이언스전공 조교수
e-mail: twuhm@pknu.ac.kr

최지은
이화여자대학교 통계학과(이학박사)
현) 부경대학교 정보융합대학 통계 · 데이터사이언스전공 조교수
e-mail: choije@pknu.ac.kr

데이터 사이언스를 위한 **확률론**

저　　자　이성백 · 엄태웅 · 최지은
발 행 인　김지영
발 행 처　자유아카데미
주　　소　경기도 파주시 회동길 37-42
　　　　　파주출판도시
전　　화　031-955-1321
팩　　스　031-955-1322
홈페이지　www.freeaca.com
전자우편　main@freeaca.com (대표)
　　　　　editor@freeaca.com (편집)
　　　　　crm@freeaca.com (영업)
등　　록　제406-2003-017호, 1980. 7. 12
제1판1쇄　2024년 3월 4일 발행

저자와의
협의하에
인지생략

ISBN 979-11-5808-590-2　93310